KUKA 工业机器人应用工程师系列

KUKA 工业机器人典型应用案例详解

吕世霞　王　尚　王学雷　编著

机械工业出版社

本书由长期从事工业机器人技术应用教学的一线教师，依据高职高专"工业机器人技术"专业的人才培养目标，围绕工业机器人的岗位能力需求，在总结近年来以工作过程为导向的教学实践基础上，以 KUKA 工业机器人为对象进行内容设计，将工业机器人技术相关标准融入教学过程，提炼并再现了 8 个具有代表性的任务，包括搬运机器人工作站编程调试、码垛机器人工作站编程调试、装配机器人工作站编程调试、涂胶机器人工作站编程调试、分拣机器人工作站编程调试、焊接机器人工作站编程调试、抛光打磨机器人工作站编程调试和生产线综合调试。

本书采用"理＋实＋虚"一体化的方式进行内容编写，配套演示视频（用手机扫描书中相应二维码观看），为授课老师提供 PPT 课件（联系 QQ296447532 获取），适合作为职业本科和高等职业院校的工业机器人技术专业、自动化相关专业、机电一体化专业、汽车制造专业教材，也可作为企业从事机器人应用开发、调试和现场维护技术人员的学习资料。

图书在版编目（CIP）数据

KUKA工业机器人典型应用案例详解/吕世霞，王尚，王学雷编著.—北京：机械工业出版社，2023.5（2024.6重印）
（KUKA工业机器人应用工程师系列）

ISBN 978-7-111-72985-3

Ⅰ．①K… Ⅱ．①吕… ②王… ③王… Ⅲ．①工业机器人—案例 Ⅳ．①TP242.2

中国国家版本馆CIP数据核字（2023）第061916号

机械工业出版社（北京市百万庄大街22号 邮政编码100037）
策划编辑：周国萍　　　　　责任编辑：周国萍　刘本明
责任校对：张爱妮　王明欣　封面设计：陈　沛
责任印制：张　博

北京雁林吉兆印刷有限公司印刷

2024 年 6 月第 1 版第 4 次印刷
184mm×260mm・20.5印张・492千字
标准书号：ISBN 978-7-111-72985-3
定价：69.00元

电话服务　　　　　　　　　网络服务
客服电话：010-88361066　　机 工 官 网：www.cmpbook.com
　　　　　010-88379833　　机 工 官 博：weibo.com/cmp1952
　　　　　010-68326294　　金 书 网：www.golden-book.com
封底无防伪标均为盗版　机工教育服务网：www.cmpedu.com

前　言

　　本书是为了满足新形势下职业教育高素质高技能型人才培养的要求，在总结近年来工作过程导向人才教学实践的基础上，以工作过程为导向，采用项目统领、任务驱动、实操演示（用手机扫描书中相应二维码观看）及考核训练的新形态数字化形式编写而成。

　　本书以工业机器人现场操作编程岗位能力需求为主线，以实际工作过程为导向，结合学生创新能力发展需求，将工业机器人操作编程人员应具备的知识技能、文化素养、创新发展和职业道德要求有机融合，嵌入具体学习任务中。从学习认知规律出发，全书分为工业机器人典型应用概述、搬运机器人工作站编程调试、码垛机器人工作站编程调试、装配机器人工作站编程调试、涂胶机器人工作站编程调试、分拣机器人工作站编程调试、焊接机器人工作站编程调试、抛光打磨机器人工作站编程调试和生产线综合调试 9 个项目，读者能够在相关工作任务的完成过程中，掌握理论知识和技术知识，解决应用中的常见问题。

　　本书具有以下特点：

　　1）以工业机器人工作岗位的能力需求为主线。

　　2）以工业机器人的安全操作、技能培养为导向。

　　3）以工业机器人典型应用的实践操作过程为内容。

　　本书可作为职业本科、高职高专工业机器人相关专业，机电类、自动化类、机械制造类、汽车制造与试验技术类等专业"工业机器人技术"课程或相近课程的教材，也可作为工业机器人技术的学习材料，还可供工程技术人员参考。

　　本书由北京电子科技职业学院双高高端培训课程建设项目（项目号：CJGX2020-024）支持，由北京电子科技职业学院吕世霞、王尚、王学雷编著。本书在编写过程中，得到了有关专家和技术人员的大力支持，在此一并表示感谢。

　　由于编著者水平所限，书中如有不妥之处，恳请同行专家和读者们不吝赐教。

编著者

目 录

项目一 工业机器人典型应用概述

学习目标

○ 了解工业机器人工作站模块的组成、设计原则及步骤。
○ 能够描述 KUKA 工业机器人多功能工作站的组成及各模块功能。
○ 了解 KUKA-KR3 工业机器人的性能指标。
○ 能够进行 KUKA-KR3 工业机器人开机和关机操作流程。

工作任务

○ 通过学习熟悉工业机器人的典型应用场合。
○ 掌握工业机器人典型工作站模块的组成。
○ 通过学习了解 KUKA-KR3 工业机器人的性能指标。
○ 独立完成 KUKA-KR3 工业机器人的开机和关机操作。

实践操作

一、知识储备

1. 工业机器人工作站的构成

工业机器人工作站是指以一台或多台工业机器人为主,配以相应的周边设备,如变位机、输送带、工装夹具等,或借助人工的辅助操作一起完成相对独立的一种作业或工序的一组设备组合。

2. 工业机器人工作站的设计原则

由于工作站的设计是一项较为灵活多变、关联因素甚多的技术工作,所以只能将共同因素抽象出来,得出一些一般的设计原则。

1)设计前必须充分分析作业对象,拟定最合理的作业工艺。
2)必须满足作业的功能要求和环境条件。
3)必须满足生产节拍要求。
4)整体及各组成部分必须全部满足安全规范及标准。

5）各设备及控制系统应具有故障显示及报警装置。

6）便于维护修理。

7）操作系统便于联网控制。

8）工作站便于组线。

9）操作系统应简单明了，便于操作和人工干预。

10）经济实惠，快速投产。

这 10 项设计原则共同体现着工作站用户的多方面需要，简单地说就是千方百计地满足用户的要求。

3. 工业机器人工作站的设计步骤

（1）规划及系统设计　规划及系统设计包括设计单位内部的任务划分，工业机器人考查及询价，编制项目规划单，运行系统设计，外围设备（辅助设备、配套设备以及安全装置等）能力的详细计划，关键问题的解决等。

（2）布局设计　布局设计包括工业机器人选用，人机系统配置，作业对象的物流路线，电、液、气系统走线，操作台、电气柜的位置以及维护修理和安全设施配置等内容。

（3）扩大工业机器人应用范围辅助设备的选用和设计　此项工作的任务包括工业机器人用以完成作业的末端执行器、改变作业对象位姿的工装夹具和变位机、改变工业机器人动作方向的机座的选用和设计。一般来说，这部分的设计工作量最大。

（4）配套和安全装置的选用和设计　此项工作主要包括完成作业要求的配套设备（如弧焊的焊丝切断和焊枪清理设备等）的选用和设计，安全装置（如围栏、安全门等）的选用和设计以及现有设备的改造等内容。

（5）控制系统设计　此项设计包括选定系统的标准控制类型与追加性能。确定系统工作顺序与方法及互锁等安全设计，液压、气动、电气、电子设备及备用设备的试验，电气控制电路设计，工业机器人电路及整个系统电路的设计等内容。

（6）支持系统设计　此项工作为设计支持系统，该系统应包括故障排查与修复方法，停机时的对策与准备，备用机器的筹备以及意外情况下的救急措施等内容。

（7）工程施工设计　此项设计包括编写工作系统的说明书、工业机器人详细性能和规格的说明书，接收检查文本、标准件说明书，绘制工程制图，编写图样清单等内容。

（8）编制采购资料　此项任务包括编写工业机器人估价委托书、工业机器人性能及自检结果，编制标准件采购清单、培训操作员计划、维护说明及各项预算方案等内容。

工业机器人工作站主要由工业机器人及其控制系统、辅助设备以及其他周边设备所构成。在这种构成中，工业机器人及其控制系统应尽量选用标准装置，对于个别特殊的场合需设计专用机器人。而末端执行器等辅助设备以及其他周边设备则随应用场合和工件特点的不同存在着较大差异。

4. KUKA 工业机器人多功能工作站

KUKA 工业机器人多功能工作站（图 1-1）集成了工业机器人技术、多种作业技术、伺服驱动技术、变频输送技术、传感器检测技术、视觉检测技术、PLC 编程技术、气动技术、网络通信技术等。该工作站采用了模块化设计，每个功能模块相对独立，用户可根据实验需求自由搭配和增减功能模块。所有功能模块合理布局，放置于铝合金型材实训台上，可以完成工业机器人编程示教再现、自动供料、变频输送、工业视觉检测、喷涂作业、模拟焊接、抛光打磨、绘图、码垛、涂胶、装配、分拣、PLC编程、触摸屏界面设计、电气系统设计与接线、机械装调、多种工具更换等实训功能，旨在培养操作者的工业机器人编程能力和系统测试、操作维护能力，达到快速提高职业技能，提高就业竞争力。

图 1-1　KUKA 工业机器人多功能工作站

5. 多功能工作站模块

（1）工业机器人本体　图 1-2 为 KUKA-KR3 型工业机器人本体，其主要特点如下：

1）节拍 <0.4s。

2）四路气管内置。

3）灵活且易于集成。

4）可靠且维护成本低。

5）结构紧凑，空间覆盖范围广。

6）高性能且紧凑的外形设计。

7）工业级设计，高级别防护等级。

KUKA-KR3 型工业机器人主要参数见表 1-1。

图 1-2　KUKA-KR3 型工业机器人本体

表 1-1　KUKA-KR3 型工业机器人主要参数

型　　号	KR3 R540	型　　号	KR3 R540
轴数	6	工业机器人腕部防护等级（IEC 60529）	IP40
可控制的轴数	6	噪声等级	<68dB（A）
工作空间体积	0.61m³	安装位置	地面；屋顶；墙壁
位姿重复精度（ISO 9283）	±0.02mm	占地面积	179mm×179mm
重量	约 26.5kg	运动系统安装面布孔图	S150
额定负荷	2kg	标准色	底座：灰铝色（RAL 9007）活动部件：交通白（RAL 9016）
最大运动范围	152～541mm；±170°	控制系统	KR C4 Compact（紧凑型）
防护等级（IEC 60529）	IP40	变压器名称	KR C4：KR3 R540_C4SR_FLR

工业机器人参数说明见表1-2。

表1-2 工业机器人参数说明

参 数	说 明
有效载荷	指工业机器人在工作时能够承受的最大载重。如果将零件从一个位置搬至另一个位置，就需要将零件的质量和工业机器人手爪的质量计算在内
重复定位精度	指工业机器人在完成每一个循环后，到达同一位置的精确度／差异度
最大臂展	指机械臂所能达到的最大距离
防护等级	由两个数字组成，第一个数字表示防尘、防止外物侵入的等级，第二个数字表示防湿气、防水侵入的密闭程度，数字越大，表示其防护等级越高
各轴运动范围	KUKA-KR3工业机器人由六个轴串联而成，由下至上分别为A1、A2、A3、A4、A5、A6，每个轴的运动为转动或摆动，A1轴±170°，A2轴-170°～50°，A3轴-110°～155°，A4轴±175°，A5轴±120°，A6轴±350°
最大单轴速度	指工业机器人单个轴运动时，参考点在单位时间内能够移动的距离（mm/s）、转过的角度或弧度[（°）/s或rad/s]

（2）工业机器人控制系统 工业机器人控制系统如图1-3所示，由控制柜、示教器等组成，用于控制和操作工业机器人本体。为了更好地与外围设备进行通信，工业机器人控制系统经常配置有数字量或模拟量的I/O模块、工业以太网及总线模块。图1-3左图为控制柜，右图为示教器。

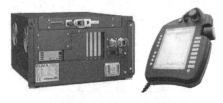

图1-3 工业机器人控制系统

1）示教器：KUKA-KR3型工业机器人示教器又称为SmartPAD，如图1-4所示。示教器是操作者与工业机器人交互的设备，使用示教器操作者可以完成控制工业机器人的所有功能，如手动控制工业机器人运动、编程控制工业机器人运动、设置I/O交互信号等。

2）示教器功能区与接口：示教器正面和反面如图1-4所示，其功能按键和主界面功能见表1-3、表1-4。

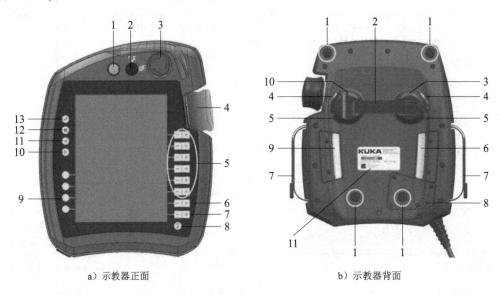

a）示教器正面   b）示教器背面

图1-4 示教器正面和反面

表 1-3 示教器正面、反面功能按键

序　号	a）示教器正面
1	请求"拔下示教器"的按键
2	选择运行方式的使能开关。开关具有带钥匙或不带钥匙两个规格。通过该开关可以调用连接管理器。利用连接管理器可以转换运行方式
3	紧急停止装置。用于在危险情况下关停工业机器人。如果被按下，紧急停止设备将自行闭锁
4	3D 鼠标：用于手动移动工业机器人
5	移动键：用于手动移动工业机器人
6	用于设定程序倍率的按键
7	用于设定手动倍率的按键
8	主菜单按键：用来在示教器上将菜单项显示出来，此外，还可以通过它创建屏幕截图
9	状态键：用于设定备选软件包中的参数。其确切的功能取决于所安装的备选软件包
10	启动键：可启动一个程序
11	逆向启动键：按下逆向启动键逆向启动一个程序，程序将被逐步执行
12	停止键：按下停止键暂停正在运行的程序
13	键盘按键：显示键盘。通常不需将键盘显示出来，因为示教器可自动识别需要使用键盘输入的情况并自动显示键盘
序　号	b）示教器背面
1	用于固定（可选）背带的按钮
2	拱顶座支撑带
3	左侧拱顶座：用右手握示教器
4	1）确认开关，具有 3 个位置：未按下、中位和完全按下（紧急位置） 2）只有当至少一个确认开关保持在中间位置时，方可在测试运行方式下运行机器人 3）在采用自动运行方式和外部自动运行方式时，确认开关不起作用
5	启动键（绿色）：可启动一个程序
6	确认开关
7	有尼龙搭扣的手带。如果不使用手带，则手带可以被全部拉入
8	盖板（连接电缆盖板）
9	确认开关
10	右侧拱顶座：用左手握示教器
11	铭牌

表1-4　示教器主界面功能

界　　面	说　　明
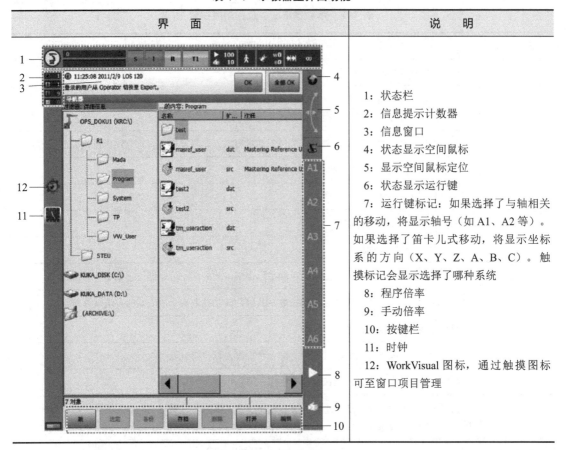	1：状态栏 2：信息提示计数器 3：信息窗口 4：状态显示空间鼠标 5：显示空间鼠标定位 6：状态显示运行键 7：运行键标记：如果选择了与轴相关的移动，将显示轴号（如 A1、A2 等）。如果选择了笛卡儿式移动，将显示坐标系的方向（X、Y、Z、A、B、C）。触摸标记会显示选择了哪种系统 8：程序倍率 9：手动倍率 10：按键栏 11：时钟 12：WorkVisual 图标，通过触摸图标可至窗口项目管理

3）示教器握持方法：双手握持示教器，使工业机器人进行点动运动时，四指需要按下手压开关，使工业机器人处于伺服开的状态，具体方法如图1-5所示。

示教器主界面功能

图1-5　示教器握持方法

（3）多功能工作站各功能模块　多功能工作站集成了典型的工业机器人应用功能，具体见表1-5。

表 1-5 平台功能模块简介

功能模块说明	模块示意图
1）工业机器人控制柜：采用小型工业机器人控制柜（CCU_SR），它是工业机器人控制系统所有部件的配电装置和通信接口。CCU_SR 具有采集、控制和开关功能	
2）井式供料模块：由气缸组件、筒形料库组件、传感器和圆形尼龙工件等组成，为视觉检测搬运流程供料，由 PLC 控制供料输出	
3）变频输送带：由铝合金型材和铝板搭建，输送带采用同步齿形带进行传输，结构简单。输送带一侧由铝合金型材立柱支承工业视觉系统，用于检测工件颜色等信息。输送带另一侧电动机从动轴端安装旋转编码器，形成输送过程闭环控制	
4）变位机模块：由铝合金型材支架、伺服电动机、伺服驱动器、行星减速器、气动夹具等组成。采用伺服电动机驱动变位机进行旋转，与旋转台上的气动夹具组成变位机模块，工业机器人与变位机模块协同作业完成焊接、抛光打磨及喷釉等作业流程	
5）平面码垛模块：由铝合金型材支架和平面棋盘组成，与井式供料模块和变频输送带组合使用，可按预定程序将视觉检测的工件由工业机器人进行搬运并分类码垛	

（续）

功能模块说明	模块示意图
6）多功能扩展模块：多功能扩展模块共用基础底座平台，在工业机器人使用不同末端工具时，可快速更换不同模块。底座平台、铝合金型材支架、铝板平台，用于摆放和固定涂胶装配模块、搬运模块、循迹模块、绘图模块	
7）工件仓储模块：由铝合金型材与铝质材料加工而成，有 3 行 3 列共 9 个仓位，用于工业机器人放置模拟喷釉、抛光打磨、焊接等工件用。每个仓位均安装有定位销，采用防撞设计，对应每个工件的放置孔位，避免工件放置错误	
8）工具库模块：由喷枪工具、模拟抛光打磨工具、吸盘工具、激光笔模拟焊接工具等四种不同工业机器人工具和支架组成，工业机器人通过快换工具从工具库模块中夹持不同工具，进行模拟焊接、抛光打磨及吸附、喷釉等作业	
9）主控系统：采用西门子 S7-1200 系列 PLC，使用博途软件进行编程，通过工业以太网通信配合工业机器人完成外围设备的控制任务	
10）触摸屏：采用西门子 SIMATIC 精智面板 7in（1in=0.0254m）显示屏，用来启动工作站演示程序，同时配合 PLC 监控运行状态、数据	

二、任务实施

KUKA-KR3 工业机器人多功能工作站配置有主控开关盒,位于多功能工作站平台右侧,如图 1-6 所示。

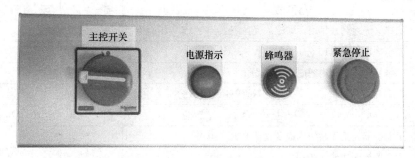

图 1-6　多功能工作站主控开关盒

1. 工业机器人开机

工业机器人开机包括以下步骤:

1)检查工业机器人周边设备、作业范围是否符合开机条件。

2)检查电路、气路接口是否正常连接。

3)确认 KUKA 工业机器人多功能工作站的紧急停止装置未被按下。

4)打开多功能工作站的主控开关。

5)打开工业机器人控制柜的电源开关。

6)打开气泵开关和供气阀门。

7)示教器画面自动开启。

8)开机完成。

2. 工业机器人关机

工业机器人关机包括以下步骤:

1)将工业机器人示教器模式开关切换到手动操作 T1 模式。

2)手动操作工业机器人返回原点位置。

3)按下示教器上的紧急停止装置。

4)按下 KUKA 工业机器人多功能工作站上的紧急停止装置。

5)将示教器放到指定位置。

6)关闭工业机器人控制柜的电源开关。

7)关闭气泵开关和供气阀门。

8)关闭多功能工作站的主控开关。

9)整理工业机器人系统周边设备、电缆、工件等物品。

3. 紧急停止装置

紧急停止装置也称急停按钮,当发生紧急情况时,用户可以通过快速按下此按钮来达到保护机械设备和自身安全的目的。KUKA 工业机器人多功能工作站平台上和示教器上分别设有急停按钮。

评价反馈

基本素养（30分）					
序　号	评 估 内 容	自　评	互　评	师　评
1	纪律（无迟到、早退、旷课）（10分）			
2	安全规范操作（10分）			
3	团结协作能力、沟通能力（10分）			
理论知识（40分）					
序　号	评 估 内 容	自　评	互　评	师　评
1	工业机器人工作站的构成及设计原则（10分）			
2	示教器界面功能（20分）			
3	多功能工作站功能模块的作用（10分）			
技能操作（30分）					
序　号	评 估 内 容	自　评	互　评	师　评
1	工业机器人示教器的使用（10分）			
2	多功能工作站模块的组成及布局（10分）			
3	工业机器人开关机操作（10分）			
综合评价					

练习与思考

一、填空题

1. KUKA 工业机器人多功能工作站集成了工业机器人技术、_____、伺服驱动技术、_____、传感器检测技术、_____、_____、气动技术、网络通信技术等。KUKA 工业机器人多功能工作站采用了模块化设计，每个功能模块相对独立，用户可根据实验需求自由搭配和增减功能模块。

2. KUKA-KR3 型工业机器人额定负载为_____kg。

3. KUKA-KR3 型工业机器人控制系统采用_____。

4. KUKA-KR3 型工业机器人的位姿重复精度可达_____mm。

二、简答题

KUKA-KR3 工业机器人多功能工作站的开关机操作流程是什么？

项目二　搬运机器人工作站编程调试

学习目标

○ 能进行 KUKA 工业机器人工具坐标系及基坐标系的建立。
○ 能使用 KUKA 工业机器人运动指令及逻辑指令进行编程。
○ 能使用示教器编制搬运应用程序。

工作任务

一、工作任务的背景

工业机器人可在危险、恶劣的环境下，替代人工完成危险品、放射性物质、有毒物质等物品的搬运和装卸，以及完成重复、繁重、连续工作，减轻人的劳动负担，改善劳动环境，提高生产效率。在搬运过程中，工业机器人可以对物料进行快速分拣、装卸，对生产节拍具有很强的适应能力。目前，搬运机器人在 3C、食品、医药、化工、机械加工、太阳能等领域均有广泛的应用，涉及物流输送、周转、仓储等业务。搬运机器人在汽车制造行业的应用如图 2-1 所示，在数控机床上下料中的应用如图 2-2 所示。

图 2-1　搬运机器人在汽车制造行业的应用　　　图 2-2　搬运机器人在数控机床上下料中的应用

二、所需要的设备

搬运机器人工作站涉及的主要设备包括：KUKA-KR3 型工业机器人本体、工业机器人控制柜、示教器、气泵、吸盘工具、搬运模块、快换工具等，如图 2-3 所示。

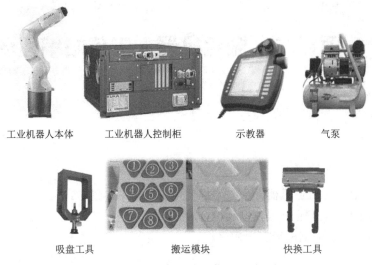

工业机器人本体　　工业机器人控制柜　　示教器　　气泵

吸盘工具　　　　　　搬运模块　　　　　快换工具

图 2-3　搬运机器人工作站所需设备

三、任务描述

本任务使用 KUKA 工业机器人将图 2-4 所示的左侧数字三角形工件搬运到右侧对应序号的凹槽内。需要依次进行程序模块创建、程序编写、目标点示教、程序调试，完成整个搬运工作任务。

首先，将搬运模块安装在工作台多功能扩展模块的指定位置，在工业机器人末端快换工具上手动安装吸盘工具，工业机器人利用吸盘工具来抓取。然后使用示教器进行文件夹和程序模块创建，完成现场操作编程。最后调试运行程序，实现功能：按下启动按钮后，工业机器人自动从工作原点开始执行搬运任务，工业机器人通过快换工具先抓取吸盘工具，将数字 3 三角形工件搬运至右侧序号③的凹槽内，完成搬运任务后工业机器人返回工作原点。搬运完成样例如图 2-4 所示。

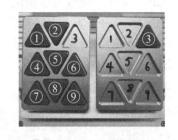

图 2-4　搬运完成样例

实践操作

一、知识储备

1. 更改用户组

KUKA 工业机器人在不同的用户组下有不同的权限，可以完成不同的操作，操作者可以通过示教器进行用户组的更改，例如修改用户组为"专家"的具体操作见表 2-1。

更改用户组

表 2-1 更改用户组

操作步骤及说明	示 意 图
1）按下示教器状态栏最左侧主菜单按键，打开示教器主菜单界面	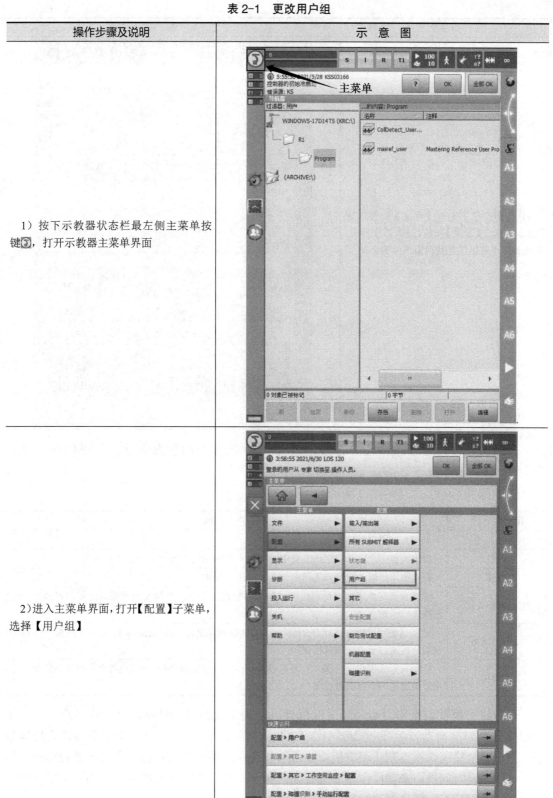
2）进入主菜单界面，打开【配置】子菜单，选择【用户组】	

（续）

操作步骤及说明	示　意　图
3）在用户组中选择【专家】，输入密码 kuka，单击【登录】按钮，进入操作界面。在此界面也可以进行其他用户组的选择	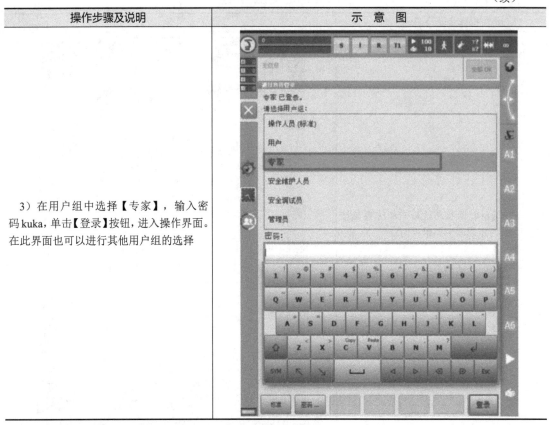

在 KUKA 系统软件（KSS）中，不同的用户组有不同功能供选择，用户组说明见表 2-2。

表 2-2　用户组说明

用　户　组	说　　　明
操作人员	操作人员用户组，此为默认用户组
用户	操作人员用户组（在默认设置中，操作人员和应用人员的目标组是一样的）
专家	程序员用户组，此用户组通过一个密码进行保护
安全维护人员	调试人员用户组，该用户组可以激活和配置工业机器人的安全配置，此用户组通过一个密码进行保护
安全调试员	只有当使用 KUKA.SafeOperation 或 KUKA.SafeRangeMonitoring 时，该用户组才相关，该用户组通过一个密码进行保护
管理员	功能与专家用户组一样，另外可以将插件（Plug-Ins）集成到工业机器人控制系统中，此用户组通过一个密码进行保护

用户组切换默认密码为 kuka，工业机器人控制系统新启动时将选择默认用户组。如果要切换至 AUT（自动）运行方式或 AUT EXT（外部自动）运行方式，则工业机器人控制系统将出于安全原因切换至默认用户组。如果希望选择另外一个用户组，则需要进行切换。如果在一段固定时间内，未在操作界面进行任何操作，则工业机器人控制系统将出于安全原因切换至默认用户组，默认停留时间设置为 300s。

2. 新建文件夹

新建文件夹具体操作步骤见表 2-3。

表 2-3 新建文件夹

操作步骤及说明	示意图
1）在示教器主界面的专家模式下，单击【R1】文件夹下的【Program】文件夹，单击示教器左下角【新】按钮，进行文件夹创建	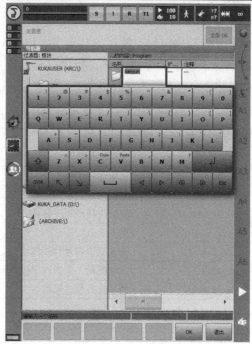
2）通过按下示教器上键盘按键弹出软键盘。输入文件夹【名称】，为 banyun，单击示教器右下角【OK】按钮	

（续）

操作步骤及说明	示　意　图
3）完成文件夹创建	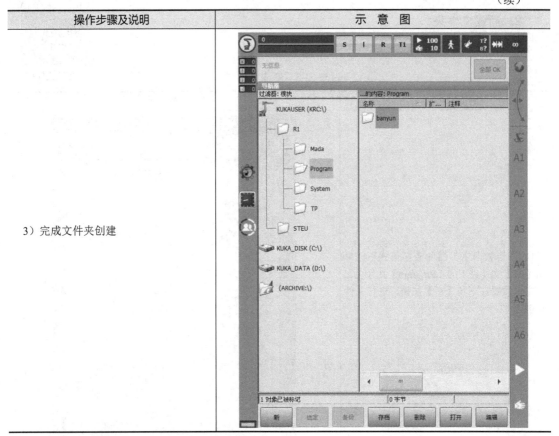

3. 创建程序模块

（1）常见程序模块　程序模块尽量保存在示教器"R1\Program"文件夹中，也可建立新的文件夹并将程序模块存放在该目录下。程序模块中可以加入注释，注释中可含有程序的简短说明。为了便于管理和维护，程序模块命名应尽量规范。KUKA 工业机器人程序模块命名示例见表 2-4。

表 2-4　程序模块常用命名

程序模块命名	程序模块说明
Main	主程序模块
InitSystem	初始化程序模块
VerifyAtHome	判断工业机器人是否在 Home 位程序模块
InitSignal	初始化信号程序模块
Change Tool	更换工具程序
GotPgNo	获取工作编号程序模块
R_work	工业机器人工作程序模块
RcheckCycle	循环检查程序模块

（2）程序模块构成　一个完整的程序模块包括同名的两个文件：SRC 程序文件和 DAT 数据文件，如图 2-5 所示。

1）SRC 程序文件：存储程序的源代码，如图 2-6 所示。

2）DAT 数据文件：可存储变量数据和点坐标，DAT 数据文件如图 2-7 所示。*.DAT 文件在专家或者更高权限用户组登录状态下可见。

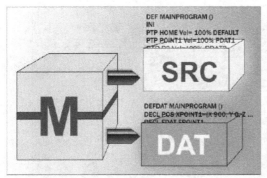

```
DEF MAINPROGRAM ()
INI
PTP HOME Vel= 100% DEFAULT
PTP POINT1 Vel=100% PDAT1 TOOL[1] BASE[2]
PTP P2 Vel=100% PDAT2 TOOL[1] BASE[2]
END
```

图 2-6　SRC 程序文件

```
DEFDAT MAINPROGRAM ()
DECL E6POS XPOINT1={X 900, Y 0, Z 800, A 0, B 0, C 0, S 6, T 27, E1
0, E2 0, E3 0, E4 0, E5 0, E6 0}
DECL FDAT FPOINT1 ...

ENDDAT
```

图 2-5　程序模块　　　　　　　　　图 2-7　DAT 数据文件

（3）新建程序模块　新建程序模块具体操作步骤见表 2-5。

新建程序模块

表 2-5　新建程序模块

操作步骤及说明	示　意　图
1）在示教器主界面选择已创建的【banyun】文件夹，单击示教器右下角【打开】按钮，打开该文件夹	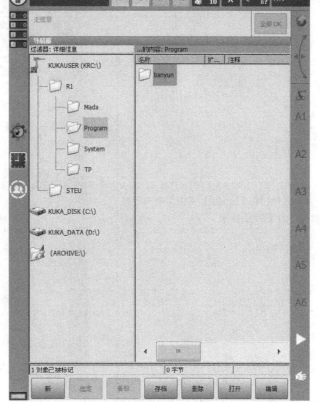

（续）

操作步骤及说明	示　意　图
2）在【banyun】文件夹打开界面，单击示教器左下角【新】按钮，进行程序模块创建	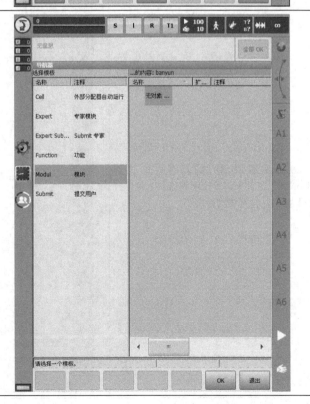
3）选择创建【Modul】模块，单击示教器右下角【OK】按钮	

（续）

操作步骤及说明	示 意 图
4）新建一个程序模块：通过按示教器上键盘按键弹出软键盘，输入程序模块名称，此程序模块命名为banyun1，再单击示教器右下角【OK】按钮	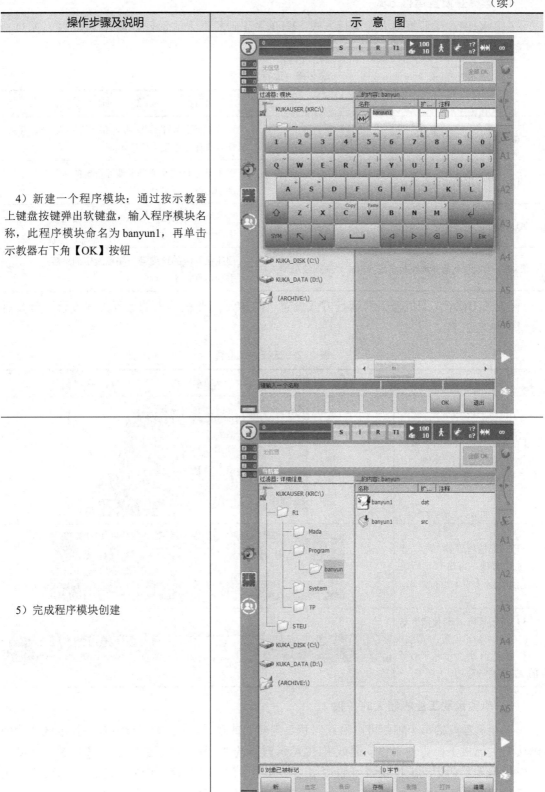
5）完成程序模块创建	

4. 选择并设置运行方式

（1）KUKA 工业机器人的运行方式　KUKA 工业机器人的运行方式有 T1、T2、AUT、EXT，运行方式具体说明见表 2-6。

表 2-6　运行方式说明

运行方式		说　明
T1	用于测试运行、编程和示教	程序验证：编程的速度，最高 250 mm/s。手动运行时的最大速度为 250 mm/s
T2	用于测试运行	程序验证时的速度等于编程设定的速度 手动运行：不可行
AUT	用于不带上级控制系统的工业机器人	程序执行时的速度等于编程设定的速度 手动运行：不可行
EXT	用于带上级控制系统（PLC）的工业机器人	程序执行时的速度等于编程设定的速度 手动运行：不可行

（2）KUKA 工业机器人的运行方式设置　KUKA 工业机器人的运行方式设置操作步骤及说明见表 2-7。

表 2-7　运行方式设置

操作步骤及说明	示　意　图
1）在示教器上顺时针转动运行方式的使能开关 90°，打开连接管理器界面	
2）在连接管理器界面，单击对应选项，可选择运行方式，如选择【T1】运行方式	
3）将运行方式的使能开关逆时针转回初始位置，所选的运行方式 T1 会显示在示教器的状态栏中	

5. 单独运动工业机器人的各轴

工业机器人的每个轴都可以沿正向和负向转动或摆动。在 T1 运行方式下且示教器背面确认开关已按下，可使用移动键或 KUKA 示教器的 3D 鼠标对工业机器人各轴进行运动。工业机器人手动运动速度快慢可通过修改示教器中的手动倍率（HOV）值的大小实现。工业机器人各轴运动状态如图 2-8 所示。控制各轴运动操作步骤及说明见表 2-8。

图 2-8　KUKA 工业机器人各轴运动状态

控制各轴运动操作
步骤及说明

表 2-8　控制各轴运动操作步骤及说明

操作步骤及说明	示　意　图
1）选择轴坐标作为移动键的选项，如右图所示	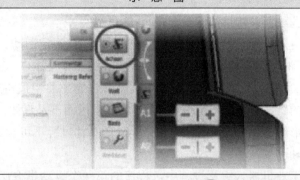
2）设置手动倍率，单击【100 10】倍率调节快捷图标，进行手动调节量大小的设置，实现不同手动运动速度的设置	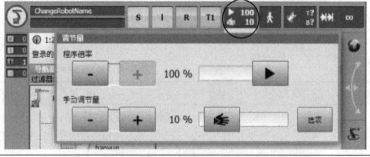
3）将确认开关按至中间挡位并按住，如右图中虚线椭圆所示，三处确认开关任意一处按下即可	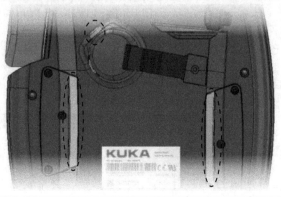

（续）

操作步骤及说明	示 意 图
4）按下正或负移动键，可以使工业机器人对应的单个轴沿正向或负向转动或摆动	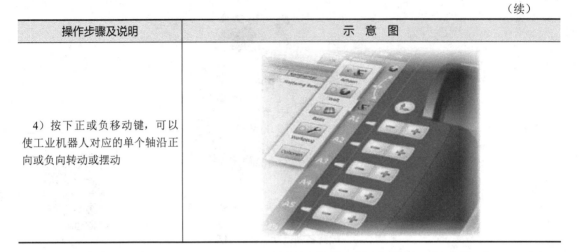

6. 常用运动指令

工业机器人常见的运动方式有：

1）按轴坐标的运动：PTP（SPTP），即点到点运动。

2）沿轨迹运动：LIN（SLIN），线性运动；CIRC（SCIRC），圆弧运动。

（1）PTP　点到点运动是工业机器人的 TCP 将沿最快速轨迹从 P1 点移动到目标点 P2。最快速的轨迹通常并不是路径最短的轨迹，因而不是直线，由于工业机器人各轴的旋转运动，因此弧形轨迹会比直线轨迹更快，运动的具体过程不可预见，导向轴是达到目标点所需时间最长的轴。

在工业机器人编程过程中，程序的第一个运动指令必须为 PTP（SPTP），因为只有在此运动中才评估工业机器人的状态和转向。

PTP 的具体含义见表 2-9。

表 2-9　PTP 含义

运 动 方 式	含 义
P1 PTP P2	1）Point-To-Point：点到点的快速运动 2）工业机器人点到点运动时，运动轨迹不确定，所有轴同时起动并且也同步停下 3）示例：PTP HOME Vel=100 % DEFAULT

PTP 指令行示教器编程方法如图 2-9 所示。

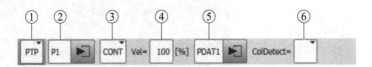

图 2-9　PTP 指令行示例

图 2-9 所示的 PTP 指令行示例各参数含义见表 2-10。

表 2-10 PTP 指令各参数含义

序 号	含 义
①	运动方式：PTP
②	目标点：P1
③	目标点轨迹逼近
④	速度：可在 1%～100% 范围内进行调整
⑤	运动数据组的名称：系统自动赋予一个名称，名称可以被改写
⑥	该运动的碰撞识别

（2）LIN　线性运动是工业机器人沿一条直线以定义的速度将 TCP 移动至目标点。在线性移动过程中，工业机器人转轴之间将进行配合，使得工具及工件参考点沿着一条通往目标点的直线移动。

LIN 的具体含义见表 2-11。

表 2-11 LIN 含义

运 动 方 式	含 义
P1 LIN P2	1）Linear：直线轨迹运动 2）工业机器人的 TCP 按设定的姿态从起点 P1 匀速移动到目标点 P2，速度和姿态均以 TCP 为参考 3）示例：LIN P1 Vel=0.01 m/s CPDAT1 Tool[1] Base[0]

LIN 指令行示教器编程方法如图 2-10 所示。

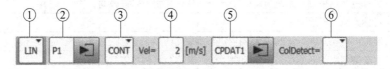

图 2-10 LIN 指令行示例

图 2-10 所示的 LIN 指令行示例各参数含义见表 2-12。

表 2-12 LIN 指令各参数含义

序 号	含 义
①	运动方式：LIN
②	目标点：P1，系统自动赋予一个名称，名称可以被改写
③	目标点轨迹逼近
④	速度：可在 0.001～2m/s 范围内进行调整
⑤	运动数据组的名称：系统自动赋予一个名称，名称可以被改写
⑥	该运动的碰撞识别

（3）CIRC　圆弧运动是工业机器人工具 TCP 以设定的速度沿圆弧轨迹移动。在做 CIRC 移动时，工具 TCP 从起始点到结束点沿着圆弧轨迹运动。此段圆弧轨迹由三个点来确定，这三个点是起始点、辅助点和结束点。起始点是上一个指令的精确定位点。辅助点是指圆弧轨迹所经历的中间点，对于辅助点来说，只是坐标 X、Y 和 Z 起决定作用。在移动过程中，工具 TCP 取向变化顺应于持续的移动轨迹。

CIRC 的具体含义见表 2-13。

表 2-13　CIRC 含义

运 动 方 式	含　　义
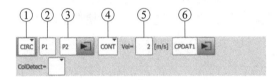	1）Circular：圆弧轨迹运动 2）工业机器人的 TCP 按设定的姿态从起始点 P1，经辅助点 P2，匀速移动到结束点 P3，速度和姿态均以 TCP 为参考 3）示例：CIRC P4 P5 Vel=0.01m/s XPDAT5 Tool[1] Base[0]

CIRC 指令行示教器编程方法如图 2-11 所示。

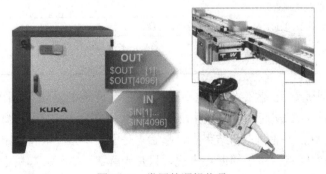

图 2-11　CIRC 指令行示例

图 2-11 所示的 CIRC 指令行示例各参数含义见表 2-14。

表 2-14　CIRC 指令各参数含义

序　　号	含　　义
①	运动方式：CIRC
②	目标点：辅助点，系统自动赋予一个名称，名称可以被改写
③	目标点：结束点，系统自动赋予一个名称，名称可以被改写
④	目标点轨迹逼近
⑤	速度：可在 0.001～2m/s 范围内进行调整
⑥	运动数据组的名称：系统自动赋予一个名称，名称可以被改写

7. 常用逻辑指令

机器人系统要想完成指定的任务，需要与工作站的设备进行信息交换，即与外部设备进行通信。例如工业机器人完成搬运工作，需要与吸盘工具的真空开启和关闭等动作进行通信。

在对 KUKA 工业机器人进行逻辑编程时，经常使用表示逻辑指令的输入端和输出端信号来控制工业机器人的外围设备。与工业机器人输入端和输出端相关联的逻辑信号如图 2-12 所示。

图 2-12　常用的逻辑信号

OUT 指令经常用在程序中的某个位置上开启或关闭输出端。通过 OUT 指令的切换功能，可将数字信号传送给外围设备。

　　OUT 指令在使用前应给相应外部设备分配输出端编号。信号设为静态，即它一直存在，直到赋予输出端另一个值，如图 2-13 所示。

　　OUT 指令行示教器编程方法如图 2-14 所示。

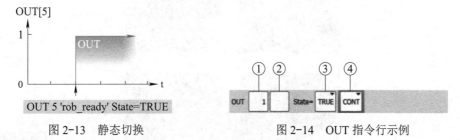

图 2-13　静态切换　　　　　　　　　图 2-14　OUT 指令行示例

　　图 2-14 所示的 OUT 指令行示例各参数含义见表 2-15。

表 2-15　OUT 指令各参数含义

序　号	含　义
①	输出端编号：1 ~ 4096
②	如果输出端已有名称则会显示出来。仅限于专家用户组使用，通过单击文本框可输入名称，名称可自由选择
③	输出端的状态：TRUE 和 FALSE
④	1）CONT：在预进中进行的编辑 2）[空白]：在预进停止时的处理

8. 工具坐标系的测量

　　工具坐标系是一个直角（笛卡儿）坐标系，如图 2-15 所示，其原点在工具上。工具坐标系的方向设定通常采用坐标系 X 轴与工具的工作方向一致。工具坐标系总是随着工具的移动而移动。

　　工具坐标系的测量是以工具参照点为原点来创建一个坐标系，该参照点被称为 TCP，该坐标系即为新设定的工具坐标系。

　　工具坐标系的测量过程分为两步：第一步确定坐标系的原点，第二步确定坐标系的姿态。测量方法见表 2-16。

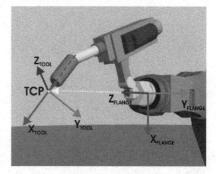

图 2-15　工具坐标系

表 2-16　工具坐标系测量方法

序　号	说　明	
1	确定坐标系的原点	XYZ 4 点法
		XYZ 参照法
2	确定坐标系的姿态	ABC 世界坐标系法
		ABC 2 点法
或者	数字输入	

工具坐标系的测量步骤：

（1）确定工具坐标系原点（TCP） 确定工具坐标系原点（TCP）可以选择 XYZ4 点法（图 2-16）或 XYZ 参照法。

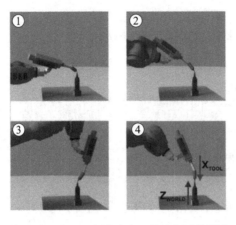

图 2-16　XYZ 4 点法确定工具坐标系的原点

XYZ 4 点法确定工具坐标系原点的操作步骤及说明见表 2-17。

XYZ 4 点法确定工具坐标系原点的操作步骤及说明

表 2-17　XYZ 4 点法确定工具坐标系原点的操作步骤及说明

操作步骤及说明	示意图
1）单击示教器上主菜单按键，再依次单击【投入运行】→【工具/基坐标管理】	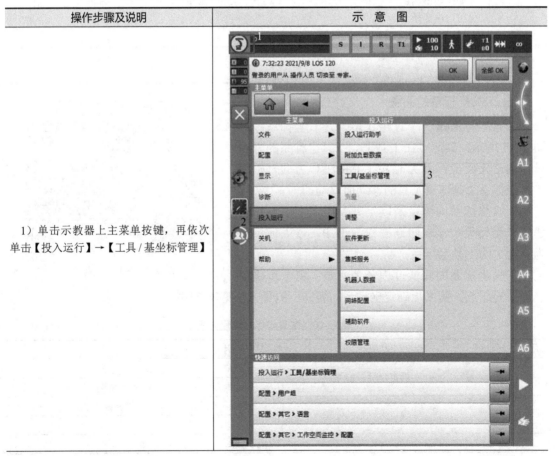

（续）

操作步骤及说明	示　意　图
2）在打开的【工具 / 基坐标管理】窗口，选择【工具工件】，单击右下方的【添加】，打开编辑工具界面	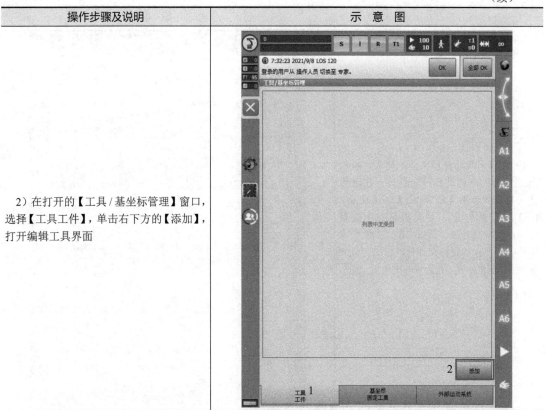
3）依次选择工具【编号】、设置工具【名称】、右侧下拉菜单选择【工具】。再单击【转换】栏里的【测量】，选择【XYZ 4 点法】，进入 XYZ 4 点法测量界面	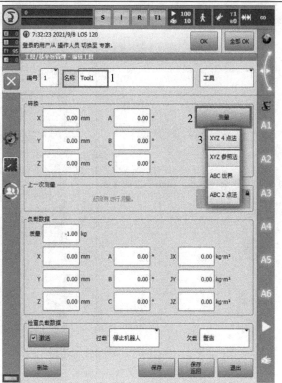

（续）

操作步骤及说明	示　意　图
4）使用示教器操作工业机器人，将校准工具的尖点移动到标定针处，在示教器上再依次单击【测量点 1】、【Touch-Up】，记录位置，完成测量点 1 位置记录。按照此方法，调整校准工具的尖点不同姿态并移动到标定针处，依次完成测量点 2、测量点 3、测量点 4 的位置记录	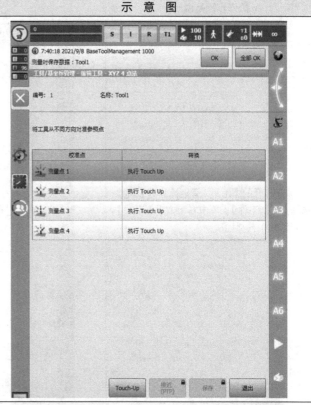
5）将位置记录完成后，单击下方的【保存】，再单击【退出】	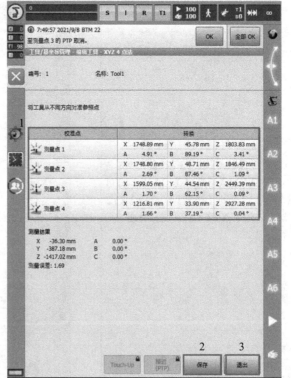

（续）

操作步骤及说明	示　意　图
6）完成工具 TCP 测量，即确定工具坐标系的原点 TCP	（图）
7）系统默认工具质量为 –1.00kg，在【负载数据】选项组输入实际的工具质量参数。同时输入工具重心位置相对于 FLANGE 坐标系的位置参数值。单击左上方的窗口关闭按钮，关闭当前窗口，返回主界面	（图）

（2）确定工具坐标系的姿态 确定工具坐标系的姿态，可以选择 ABC 世界坐标系法或 ABC 2 点法，其中 ABC 世界坐标系法又分为 5D 法和 6D 法。还可以根据工具设计参数，直接录入工具 TCP 至法兰中心点的距离值（X、Y、Z）和转角（A、B、C）数据。表 2-18 为采用 ABC 2 点法确定工具坐标系姿态的操作方法。

工具坐标系姿态
确定方法

表 2-18 工具坐标系姿态确定方法

操作步骤及说明	示 意 图
1）选择工具坐标系：在【工具 / 基坐标管理】窗口，单击【工具工件】按钮，选择需要确定位姿的工具坐标系，单击【编辑】，进入工具坐标系编辑界面	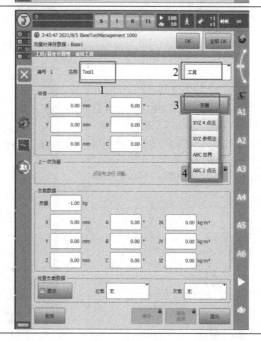
2）选择 ABC 2 点法：在编辑工具界面，单击名称【Tool1】可以重新命名工具坐标系名称，下拉菜单选择【工具】；再单击【转换】栏里的【测量】，选择【ABC 2 点法】，进入 ABC 2 点法测量界面	

（续）

操作步骤及说明	示 意 图
3）记录 TCP：使用示教器操作工业机器人；将校准工具的尖点移动到标定针处，依次单击【TCP】→【Touch-Up】，记录位置	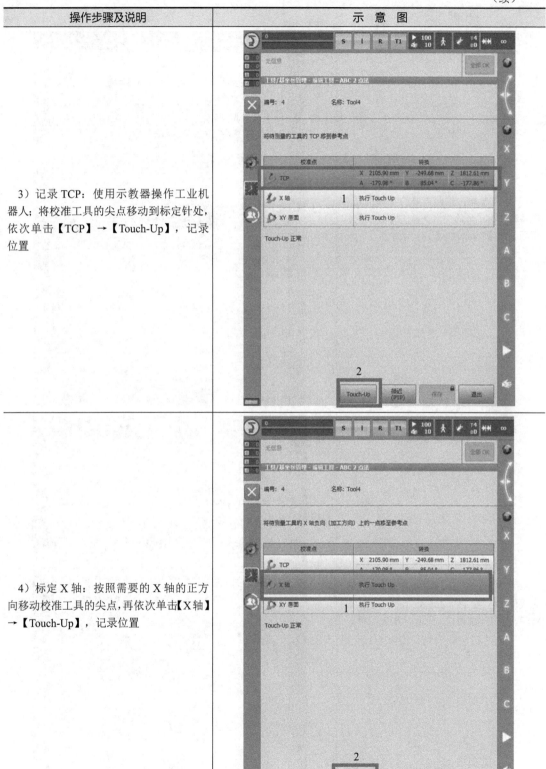
4）标定 X 轴：按照需要的 X 轴的正方向移动校准工具的尖点，再依次单击【X 轴】→【Touch-Up】，记录位置	

（续）

操作步骤及说明	示　意　图
5）标定 Y 轴：按照需要的 Y 轴的正方向移动校准工具的尖点，再依次单击【XY 层面】→【Touch-Up】，记录位置	
6）位姿标定完成：单击下方的【保存】，完成位姿标定，再单击左上方的窗口关闭⊠按钮，关闭当前窗口，返回主界面	

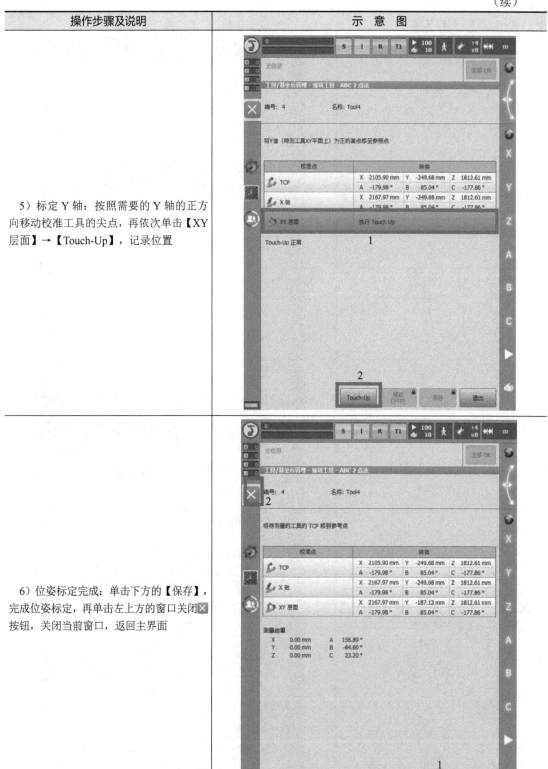

9. 基坐标系的测量

基坐标系是由用户根据工作需求，在工业机器人工作环境中的某一个位置上自行定义的坐标系，如图 2-17 所示。其目的是使工业机器人的手动运行及编程设定的位置均以该坐标系为参照。

基坐标系测量分为两个步骤：第一步确定坐标系原点，第二步确定定义坐标系方向。常用的基坐标系测量方法有 3 点法、间接法和数字输入，如表 2-19 所示。

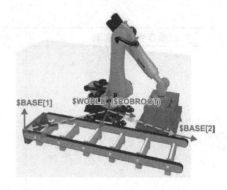

图 2-17　基坐标系

表 2-19　基坐标系测量方法

序　号	方　　法	说　　　　明
1	3 点法	1）定义原点 2）定义 X 轴正方向 3）定义 Y 轴正方向（XY 平面）
2	间接法	当无法逼近基坐标系原点，例如由于该点位于工件内部，或位于工业机器人工作空间之外时，须采用间接法 此时须逼近 4 个相对于待测量的基坐标其坐标值（CAD 数据）已知的点；工业机器人控制系统将以这些点为基础对基准进行计算
3	数字输入	直接输入至世界坐标系的距离（X、Y、Z）和转角（A、B、C）

下面使用 3 点法完成工作台基坐标系的测量，操作步骤见表 2-20。

基坐标系的测量

表 2-20　基坐标系的测量

操作步骤及说明	示　意　图
1）单击示教器上主菜单按键 ⓢ，再依次单击【投入运行】→【工具 / 基坐标管理】	

（续）

操作步骤及说明	示　意　图
2）在打开的【工具／基坐标管理】窗口，选择【基坐标固定工具】，再单击【添加】	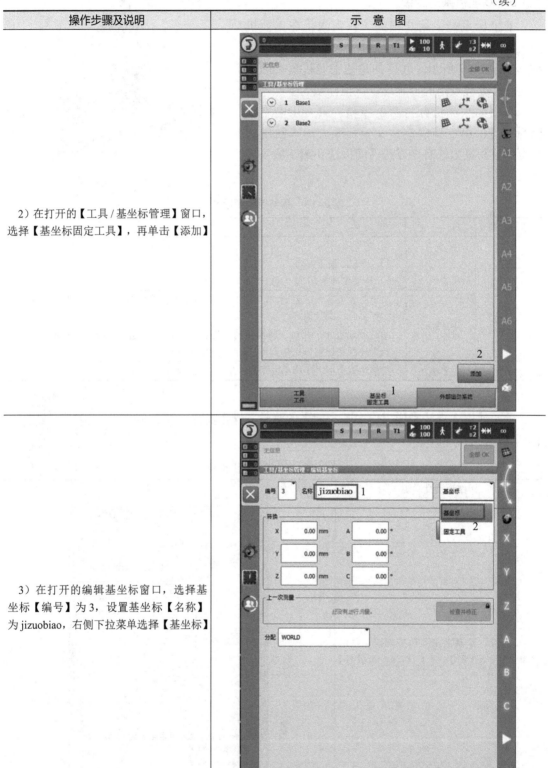
3）在打开的编辑基坐标窗口，选择基坐标【编号】为 3，设置基坐标【名称】为 jizuobiao，右侧下拉菜单选择【基坐标】	

（续）

操作步骤及说明	示　意　图
4）在中间的【转换】栏中单击【测量】，选择【3点】	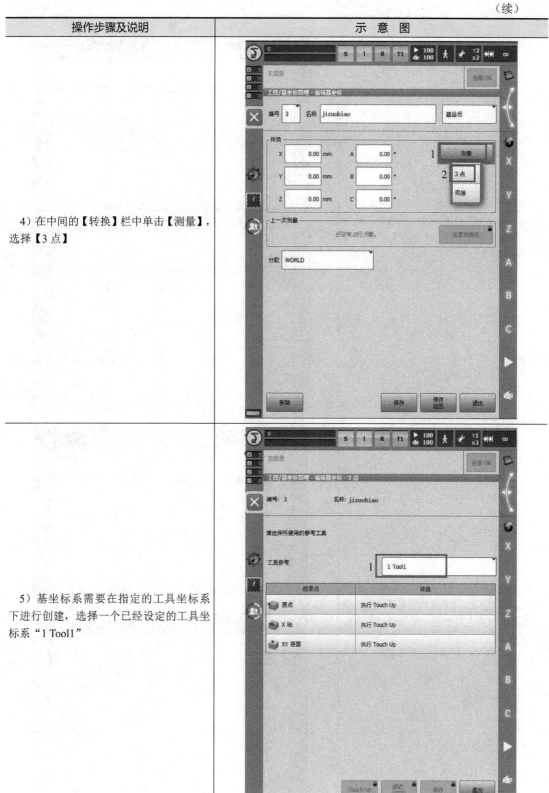
5）基坐标系需要在指定的工具坐标系下进行创建，选择一个已经设定的工具坐标系"1 Tool1"	

（续）

操作步骤及说明	示　意　图
6）原点标定：使用示教器操作工业机器人，将工具的 TCP 移动到需要建立基坐标系的原点位置，单击【原点】，再单击【Touch-Up】	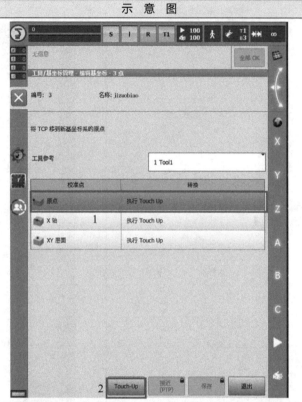
7）X 轴标定：使用示教器操作工业机器人，将工具的 TCP 移动到需要建立基坐标系的 X 轴正方向上的一点，单击【X 轴】，再单击【Touch-Up】	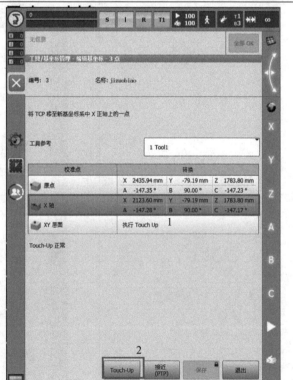

（续）

操作步骤及说明	示 意 图
8）XY 层面标定：使用示教器操作工业机器人，将工具的 TCP 移动到需要建立基坐标系的 XY 平面 Y 轴正方向上的一点，单击【XY 层面】，再单击【Touch-Up】，最后单击【保存】	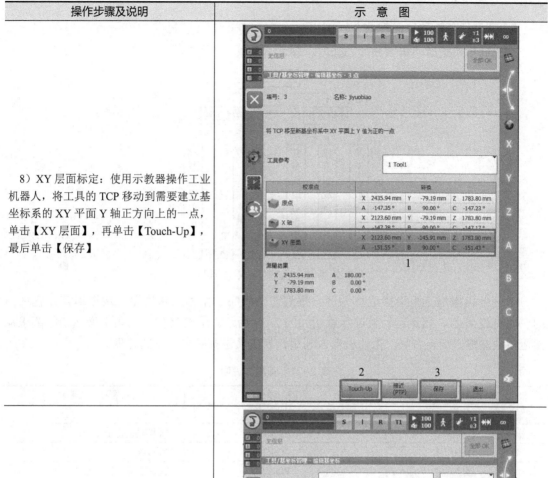
9）基坐标系建立完成，单击左上方的窗口关闭区按钮，关闭当前窗口，返回主界面	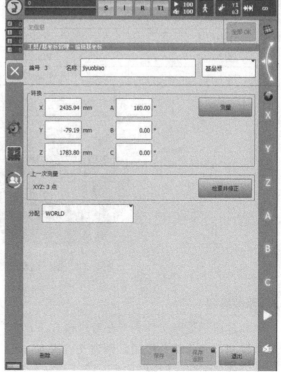

二、任务实施

1. 搬运任务运动轨迹规划

工业机器人搬运动作可分解为抓取、移动、放置工件等动作，如图 2-18 所示。

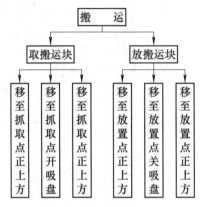

图 2-18 搬运任务示意图

本任务以搬运三角形搬运块为例，规划 7 个程序点作为三角形搬运块搬运点，程序点的说明见表 2-21，搬运运动轨迹示意图如图 2-19 所示。最终将指定三角形搬运块按要求从搬运模块左侧搬运至右侧。工业机器人利用快换工具进行吸盘工具的抓取。

表 2-21 程序点说明

程 序 点	符 号	说 明
程序点 1	Home	起始原点
程序点 2	Pick1	抓取位置正上方点
程序点 3	Pick2	抓取点
程序点 4	Place1	放置位置正上方点
程序点 5	Place2	放置点

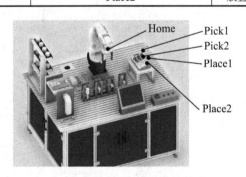

图 2-19 搬运运动轨迹示意图

2. 示教编程

（1）新建搬运程序文件夹　在专家模式下，单击【R1】文件夹下的【Program】文件夹，单击示教器左下角【新】按钮，新建文件夹 banyun，单击示教器右下角【OK】按钮，完成搬运程序文件夹创建，如图 2-20 所示。

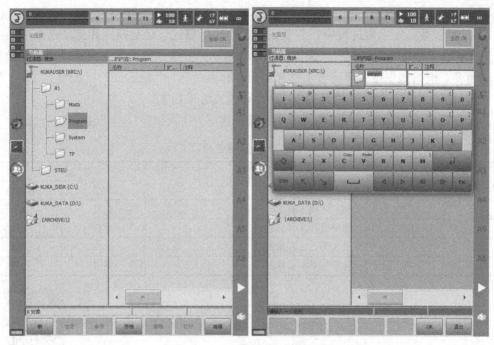

图 2-20 新建搬运程序文件夹

（2）新建相关程序模块 选择【banyun】文件夹，单击示教器右下角【打开】按钮，打开文件夹。单击示教器左下角的【新】按钮，通过弹出的软键盘输入程序模块名称，建立程序模块名称为 banyun1 的搬运程序模块，单击示教器右下角【OK】按钮，完成程序模块创建，如图 2-21 所示。

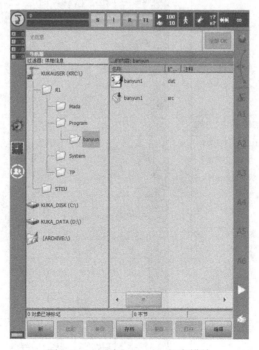

图 2-21 新建 banyun1 程序模块

（3）设置相关参数

1）设置参数：在示教过程中，需要在一定的坐标模式、运动模式和运动速度下，手动控制工业机器人到达指定的位置。因此，在示教运动指令前，需要选定坐标模式、运动模式和运动速度。根据知识储备所述方法建立工具坐标系命名为"banyun"（编号为2），建立基坐标系命名为"banyun"（编号为1），运动模式选【T1】。

2）I/O配置：KUKA工业机器人控制系统提供了I/O通信接口，具体见表2-22。

表 2-22　I/O 通信接口

输　　入	输　　出	功 能 说 明	输 出 状 态	
			TRUE	FALSE
	OUT1	控制快换工具	夹紧	张开
	OUT3	控制吸盘工具真空	开启	关闭
IN1		快换工具张开检测	张开	夹紧
IN2		快换工具夹紧检测	夹紧	张开

（4）编写程序　搬运程序示教编程操作步骤及说明见表2-23。

搬运程序示教编程
操作步骤及说明

表 2-23　搬运程序示教编程操作步骤及说明

操作步骤及说明	示 意 图
1）在示教器主界面的专家模式下，单击【R1】文件夹下的【Program】文件夹，再单击【banyun】文件夹，打开该文件夹，选中右侧新建的搬运程序模块banyun1，单击示教器右下角【打开】按钮	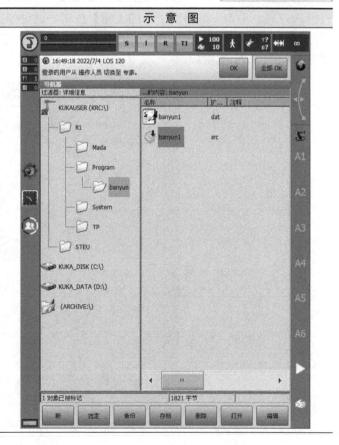

（续）

操作步骤及说明	示　意　图
2）进入程序编辑界面	
3）添加 PTP 运动指令：手动操作工业机器人，将工业机器人移至抓取位置上方点 pick1。在示教器程序编辑界面将光标移至要编程位置的上一行，单击示教器左下角【指令】→【运动】→【PTP】，添加指令 PTP	

（续）

操作步骤及说明	示 意 图
4）修改指令参数：在弹出的指令行中进行指令参数修改。修改目标点名称为"pick1"，选择所建立的工具坐标系和基坐标系，依次单击【Touch Up】→【指令OK】	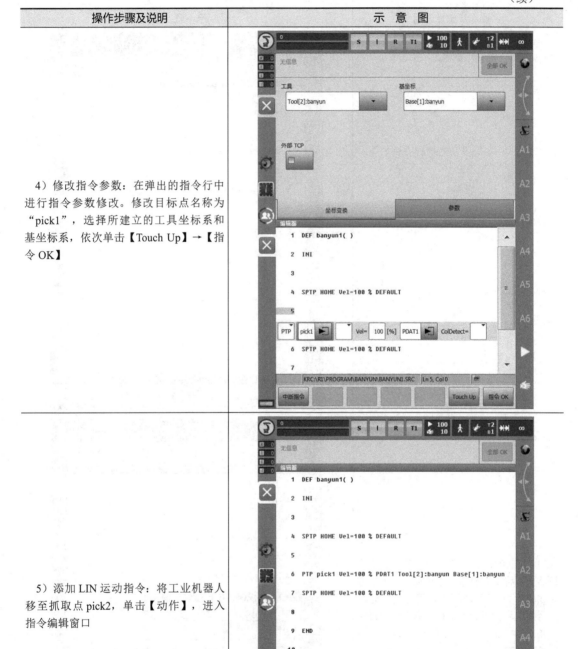
5）添加 LIN 运动指令：将工业机器人移至抓取点 pick2，单击【动作】，进入指令编辑窗口	

（续）

操作步骤及说明	示 意 图
6）修改运动指令：选择运动方式为【LIN】	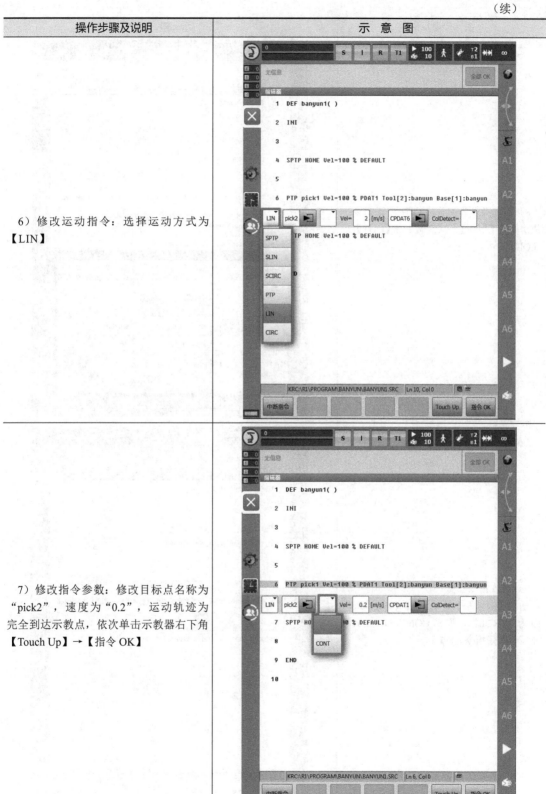
7）修改指令参数：修改目标点名称为"pick2"，速度为"0.2"，运动轨迹为完全到达示教点，依次单击示教器右下角【Touch Up】→【指令 OK】	

（续）

操作步骤及说明	示 意 图
8）添加吸盘真空开启 OUT 逻辑指令：依次单击【指令】→【逻辑】→【OUT】→【OUT】	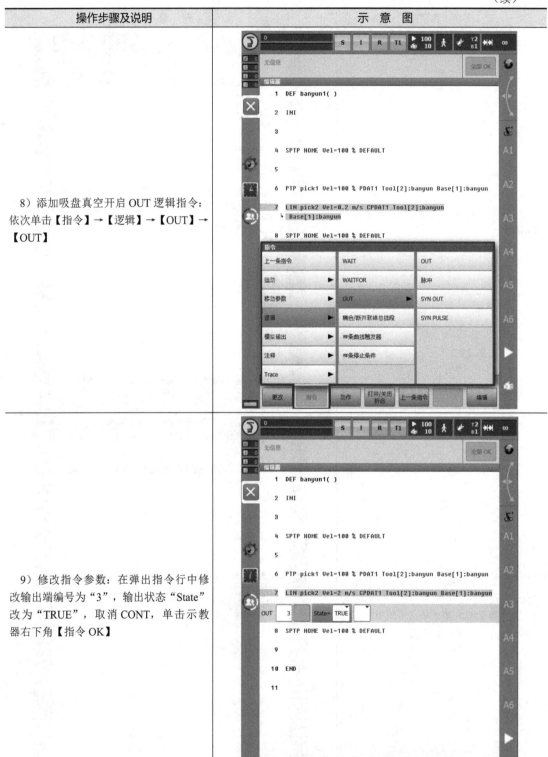
9）修改指令参数：在弹出指令行中修改输出端编号为"3"，输出状态"State"改为"TRUE"，取消 CONT，单击示教器右下角【指令 OK】	

（续）

操作步骤及说明	示 意 图
10）添加 LIN 运动指令：单击【动作】，进入指令编辑窗口	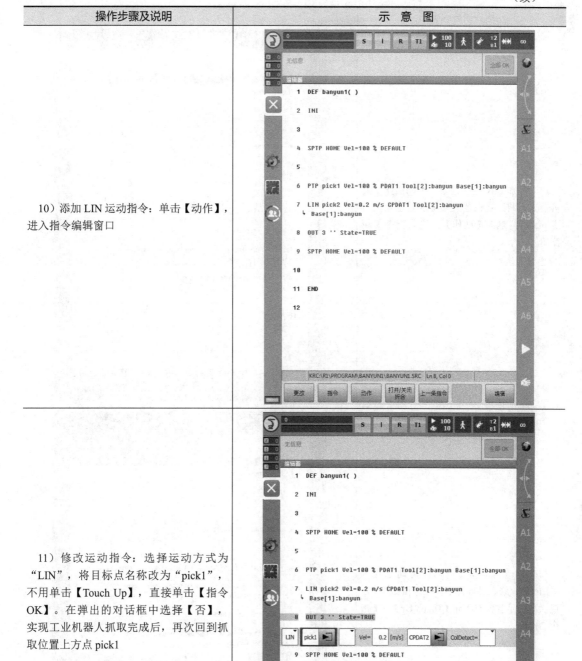
11）修改运动指令：选择运动方式为 "LIN"，将目标点名称改为 "pick1"，不用单击【Touch Up】，直接单击【指令 OK】。在弹出的对话框中选择【否】，实现工业机器人抓取完成后，再次回到抓取位置上方点 pick1	

（续）

操作步骤及说明	示 意 图
12）添加 LIN 运动指令：手动操作工业机器人，将工业机器人移至放置位置上方点 place1，单击【动作】，进入指令编辑窗口	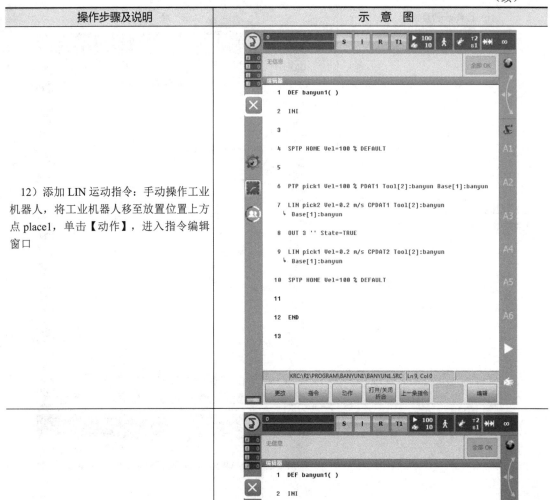
13）修改运动指令：选择运动方式为"LIN"，修改目标点名称为"place1"，依次单击示教器右下角【Touch Up】→【指令 OK】	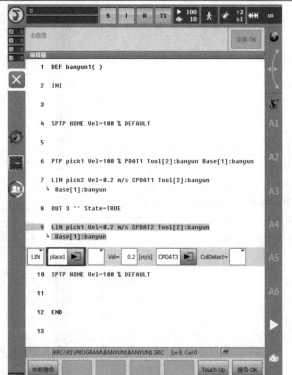

（续）

操作步骤及说明	示　意　图
14）添加 LIN 运动指令：手动操作工业机器人，将工业机器人移至放置点 place2，单击【动作】，进入指令编辑窗口	
15）修改运动指令：选择运动方式为"LIN"，修改目标点名称为"place2"，依次单击示教器右下角【Touch Up】→【指令OK】	

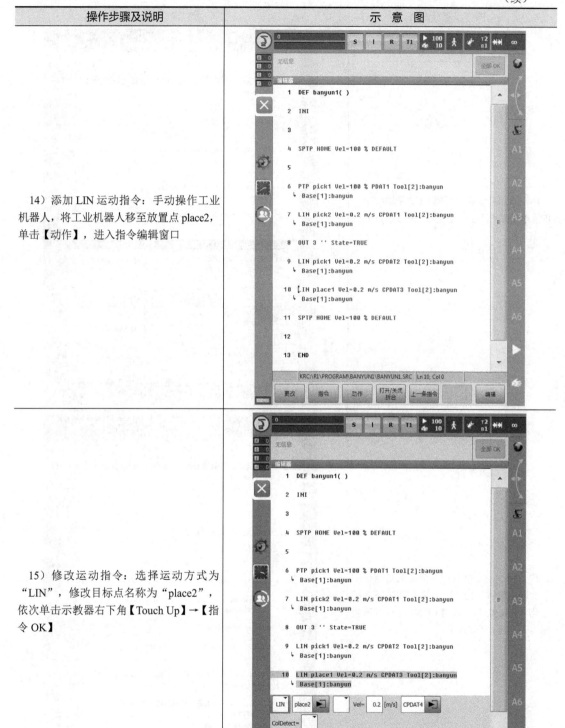

（续）

操作步骤及说明	示 意 图
16）添加吸盘真空关闭OUT逻辑指令：依次单击【指令】→【逻辑】→【OUT】→【OUT】	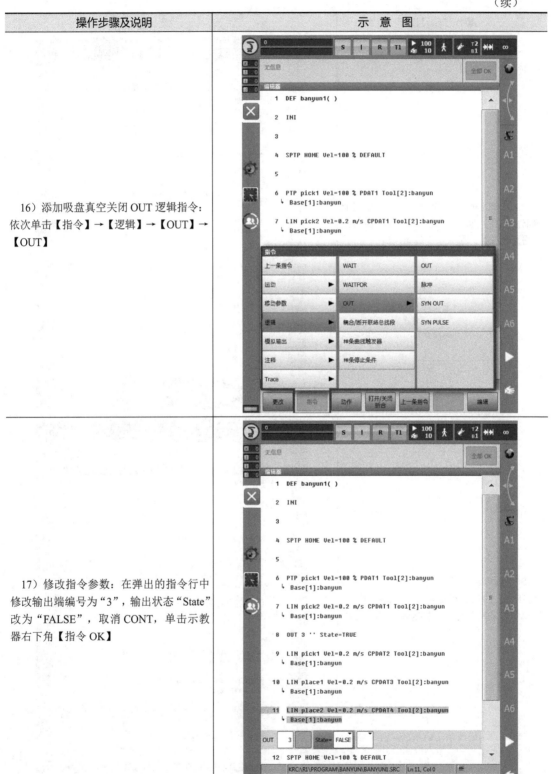
17）修改指令参数：在弹出的指令行中修改输出端编号为"3"，输出状态"State"改为"FALSE"，取消CONT，单击示教器右下角【指令OK】	

（续）

操作步骤及说明	示 意 图
18）添加 LIN 运动指令：单击【动作】，进入指令编辑窗口	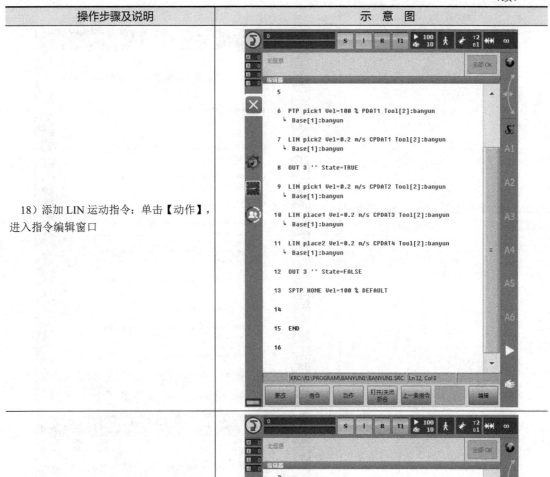
19）修改运动指令：选择运动方式为"LIN"，将目标点名称改为"place1"，不用单击【Touch Up】，直接单击【指令 OK】，在弹出的对话框中选择【否】，实现工业机器人放置完成后，再次回到放置位置上方点 place1	

（续）

操作步骤及说明	示 意 图
20）程序编写完成，单击左上方的窗口关闭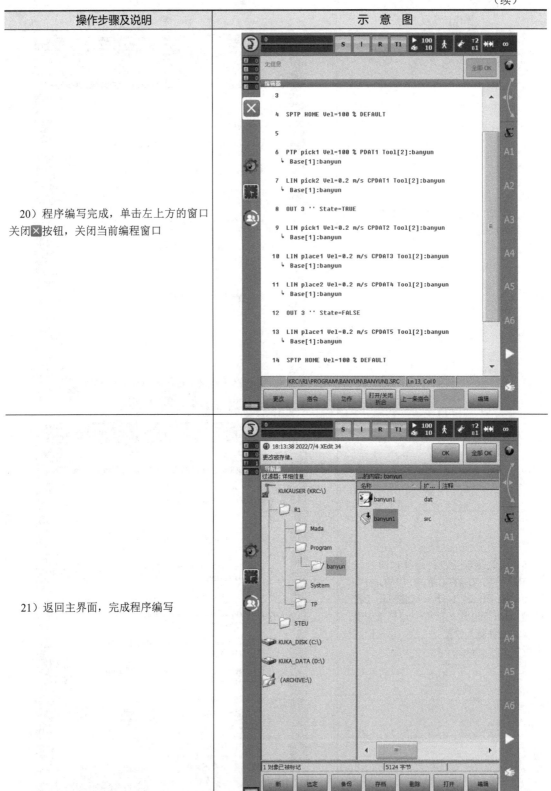按钮，关闭当前编程窗口	
21）返回主界面，完成程序编写	

3. 搬运机器人工作站程序调试与运行

（1）程序调试的目的 程序调试主要用来检查程序的位置点是否正确，程序的逻辑控制是否完善，子程序的输入参数是否合理。

（2）调试程序

1）程序加载：编程完成后，保存的程序必须加载到内存中才能运行。在示教器界面选择【banyun】文件夹目录下的"banyun1"程序模块，单击示教器下方【选定】，如图 2-22 所示，完成程序的加载，如图 2-23 所示。

调试程序（搬运）

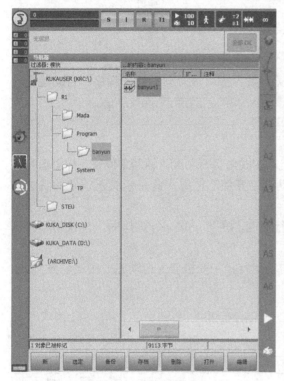

图 2-22 选定程序

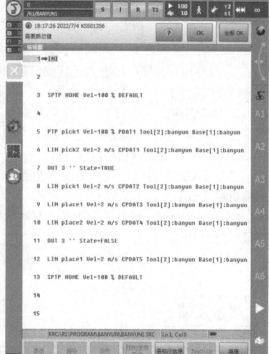

图 2-23 程序加载

2）试运行程序：程序加载后，程序执行的蓝色指示箭头位于初始行。按下示教器背面的确认开关，同时按住示教器正面左侧的程序启动键 或示教器背面的绿色程序启动键，状态栏运行键【R】和程序内部运行状态文字说明为绿色，如图 2-24 所示，则表示程序开始试运行，蓝色指示箭头开始依次下移。

绿色

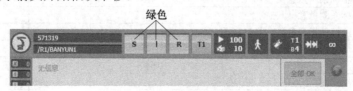

图 2-24 程序开始运行

当蓝色指示箭头移至第 3 行 SPTP 指令行时，弹出 BCO 提示信息，如图 2-25 所示，单击【OK】或【全部 OK】，再次按住示教器正面左侧的程序启动键 或示教器背面的绿色程序启动键，程序开始向下顺序执行。

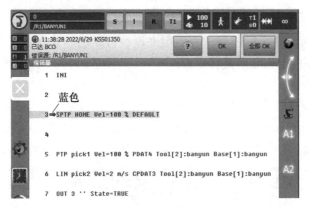

图 2-25　BCO 提示信息

3）自动运行程序：经过试运行确保程序无误后，方可进行自动运行程序。自动运行程序操作步骤如下：

① 加载程序。

② 手动操作程序直至程序提示 BCO 信息。

③ 利用连接管理器切换运行方式。转动运动方式选择开关到"锁紧"位置，弹出运行方式，选择【AUT】方式，再将连接管理器转动到"开锁"位置，此时示教器顶端的状态显示编辑栏【T1】改为【AUT】。

④ 为安全起见，降低工业机器人自动运行速度，在第一次运行程序时，建议将程序调节量设定为 10%。

⑤ 单击示教器左侧的程序启动键，程序自动运行，工业机器人自动完成搬运任务。

评价反馈

基本素养（30分）				
序　号	评 估 内 容	自　评	互　评	师　评
1	纪律（无迟到、早退、旷课）（10分）			
2	安全规范操作（10分）			
3	团结协作能力、沟通能力（10分）			
理论知识（30分）				
序　号	评 估 内 容	自　评	互　评	师　评
1	工具坐标系测量意义（10分）			
2	基坐标系测量意义（5分）			
3	常见的运动指令参数含义（10分）			
4	搬运机器人的应用场合（5分）			
技能操作（40分）				
序　号	评 估 内 容	自　评	互　评	师　评
1	搬运轨迹规划（10分）			
2	示教编程搬运程序（20分）			
3	程序加载及试运行（5分）			
4	程序自动运行（5分）			
综合评价				

练习与思考

一、填空题

1. KUKA 工业机器人确定工具坐标系的姿态，可以选择 ABC 世界坐标系法和_____法。

2. KUKA 工业机器人用户组选择专家模式时，输入密码_____。

3. KUKA 工业机器人常用的运动指令有_____、_____、_____。

4. KUKA 工业机器人编程 I/O 设置中指令行"OUT 3 ' ' State=TRUE；"的含义_____。

5. KUKA 工业机器人的运行方式有_____、_____、_____、_____。

二、简答题

介绍图 2-26 所示运动指令行各个部分的功能及含义。

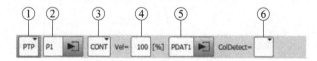

图 2-26　运动指令行

项目三　码垛机器人工作站编程调试

学习目标

○　能进行 KUKA 工业机器人语言界面的设置。

○　能使用变量、流程控制指令等进行编程。

○　能使用示教器编制码垛应用程序。

工作任务

一、工作任务的背景

码垛是指将物品整齐、规则地摆放成货垛的作业，它根据物品的性质、形状、重量等因素，结合仓库存储条件，将物品码放成一定形状的货垛，以便存放或者运输。

在食品、饮料、药品、建材、化工等生产企业，经常需要将产品整齐地码放在一起，如图 3-1 所示的工业机器人在物料码垛中的应用。利用工业机器人代替人工作业，不仅使工人摆脱繁重的体力劳动，降低劳动强度，而且能提高生产效率。

图 3-1　工业机器人在物料码垛中的应用

二、所需要的设备

码垛机器人工作站涉及的主要设备包括：KUKA-KR3 型工业机器人本体、工业机器人控制柜、示教器、气泵、井式供料模块、变频输送带、吸盘工具、快换工具、码垛块、平面码垛模块等，图 3-2 为码垛机器人工作站所需设备。

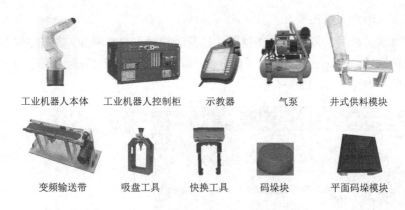

| 工业机器人本体 | 工业机器人控制柜 | 示教器 | 气泵 | 井式供料模块 |

变频输送带　　　吸盘工具　　　快换工具　　　码垛块　　平面码垛模块

图 3-2　码垛机器人工作站所需设备

三、任务描述

本任务使用 KUKA 工业机器人从变频输送带上指定位置抓取码垛块，在平面码垛模块上按照指定垛型进行码放操作。如图 3-3 所示码垛块的取放位置，需要依次进行系统的 I/O 配置、程序模块创建、目标点示教、程序编写及调试等，完成整个码垛工作任务。

首先，将平面码垛模块安装在工作台指定位置，在工业机器人末端快换工具上手动安装吸盘工具，工业机器人利用吸盘工具进行抓取。接下来，由工业机器人发出信号起动井式供料模块气缸伸出，从料仓内推出码垛块至输送带上，系统检测到推料完成则起动变频输送带，传送码垛块至输送带末端。当系统检测到码垛块传送到位后，工业机器人移至抓取位置上方，然后移至抓取位置点，控制吸盘工具真空开启，抓取码垛块。抓取完成，工业机器人带着码垛块再次回至抓取位置上方。接着，再运行至码垛块放置位置上方，根据码垛垛型需求移至放置位置点，控制吸盘工具真空关闭，将码垛块放置到指定位置，放置完成后，工业机器人再次移至放置位置上方。一个码垛块的抓取和放置就完成。根据码垛需求，工业机器人可以继续进行码垛块的抓取和码放。码放任务完成后，工业机器人返回原点。

码垛块到达位置　　　料仓　　　码垛块放置位置

图 3-3　码垛块的取放位置

实践操作

一、知识储备

1. KUKA 示教器 SmartPAD 语言切换

示教器出厂时，默认的显示语言是英语。为了方便操作，可以将显示语言设置为中文。

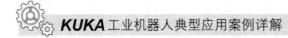

将显示语言设定为中文的操作为:

按下示教器状态栏最左侧主菜单按键🕐,打开示教器主菜单界面,如图 3-4 所示。在示教器主菜单中单击【Configuration】→【User group】,将显示出当前用户组(User group)里面的登录选项,如图 3-5、图 3-6 所示。

KUKA 示教器
SmartPAD 语言切换

图 3-4 原始英文界面

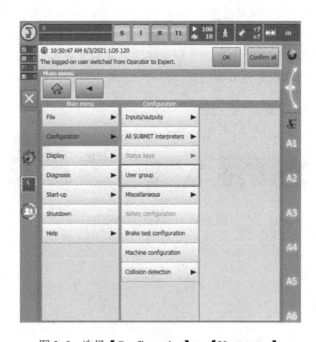

图 3-5 选择【Configuration】→【User group】

用户组(User group)里面,有 Operator(操作人员)、User(用户)、Expert(专家)、

Safety recovery technician（安全调试员）、Safety maintenance technician（安全维护员）等登录选项。其中，当选择【Operator】和【User】时，语言选择界面为不可进入的灰色，没有切换语言的权限，如图3-7所示。

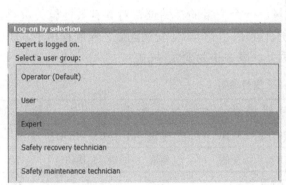

图3-6　登录选项　　　　　　　　　　图3-7　灰色的语言选项

当登录其他选项，比如Expert时，显示语言设置栏可进入，选择【中文（中华人民共和国）】单击【OK】如图3-8所示（也可选择其他语言）。

图3-8　显示语言设置栏

2. 变量的使用

变量是运算过程中出现的计算值的通配符。变量由存储位置、型号、名称和数值表示，如图 3-9 所示。

变量	
存储位置	全局 / 局部
型号	整数 / 小数、真 / 假、字符
名称	名称
数值	内容 / 数值

图 3-9　变量的特征

变量的常见形式有全局变量和局部变量。一个变量的存储位置对其有效性至关重要。一个全局变量建立在系统文件中，适用于所有程序。一个局部变量建立在应用程序中，因此仅适用于正在运行的程序（也只有这时可读）。表 3-1 为变量举例。

表 3-1　变量举例

变　量	变 量 形 式	存 储 位 置	类　型	名　　称	数　值
当前工具	全局变量	KUKA 系统变量	整数	$ACT_TOOL	5
当前基坐标	全局变量	KUKA 系统变量	整数	$ACT_BASE	12
件数计数器	局部变量	应用程序	整数	zaehler	3
轴 2 软件限位开关的负角度值	全局变量	machine.dat	小数	$SoftN_End[2]	−104.5
故障状态	全局变量	例如存储在 config.dat 中	真 / 假	stoerung	true

（1）显示项中变量的可用性和有效性

1）全局：如果变量为全局变量，则随时都可以显示。在这种情况下，变量必须保存在系统文件（例如 config.dat、machine.dat）中或者在局部数据列表中作为全局变量。

2）局部：局部变量可以分为程序文件（*.src）中的局部变量或者局部数据列表（*.dat）中的局部变量。如果变量是在 *.src 文件中定义的，则该变量仅在程序运行时存在。我们将此称为"运行时间变量"。如果变量是在 *.dat 文件中被定义为局部变量，并且仅在相关程序文件中已知，则其值在关闭程序后保持不变。

（2）显示并更改一个变量的值　在示教器主菜单中选择【显示】→【变量】→【单个】，打开【单项变量显示】窗口信息操作界面，如图 3-10 所示，参数说明见表 3-2。

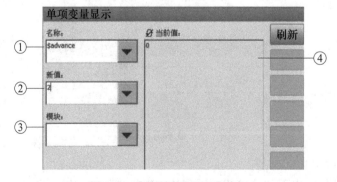

图 3-10　【单项变量显示】窗口

表 3-2　参数说明

序　号	说　明
①	进行更改的变量的名称
②	赋予该变量的新值
③	在其中查找该变量的程序 对于系统变量来说，【模块】栏并不重要
④	此栏有两种状态： 🗶：显示的数值不自动更新 🗘：显示的数值自动更新 单击【刷新】可在各状态间进行切换

查看、显示、更改变量值的操作步骤见表 3-3。

查看、显示、更改
变量值的操作步骤

表 3-3　查看、显示、更改变量值的操作步骤

操作步骤及说明	示　意　图
1）单击示教器上【主菜单】按键，再依次单击【显示】→【变量】→【单个】，【单项变量显示】窗口即打开	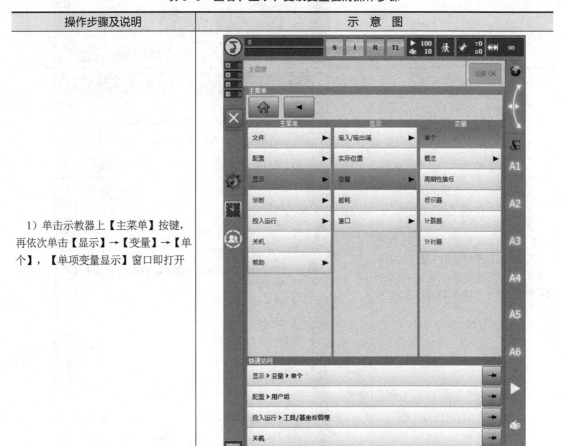

（续）

操作步骤及说明	示　意　图
2）在【名称】栏输入变量名称	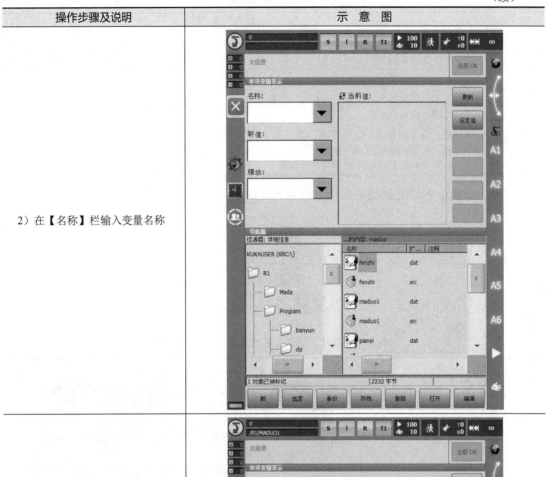
3）如果选择了一个程序，则在【模块】栏中将自动填写该程序。如果要显示一个其他程序中的变量，则输入程序：/R1/程序名称，在/R1/和程序名称之间不要输入文件夹	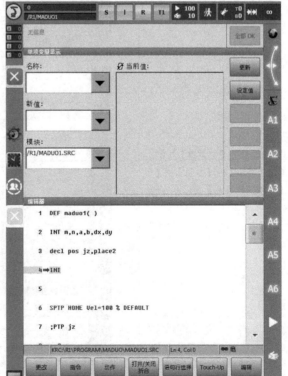

（续）

操作步骤及说明	示　意　图
4）按回车键，在【当前值】栏中将显示该变量的当前数值。如果无任何显示，则说明还未给该变量赋值	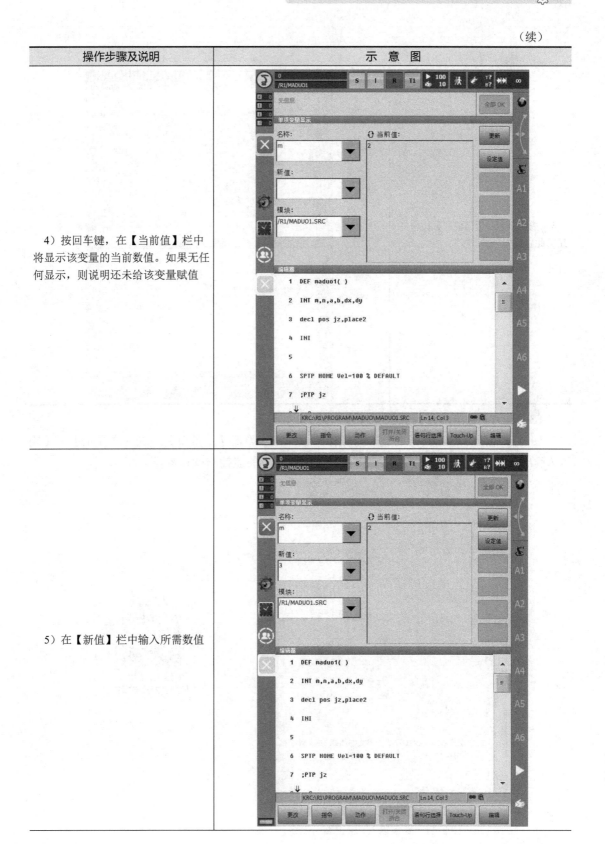
5）在【新值】栏中输入所需数值	

（续）

操作步骤及说明	示 意 图
6）按回车键，【当前值】栏中将显示此新值	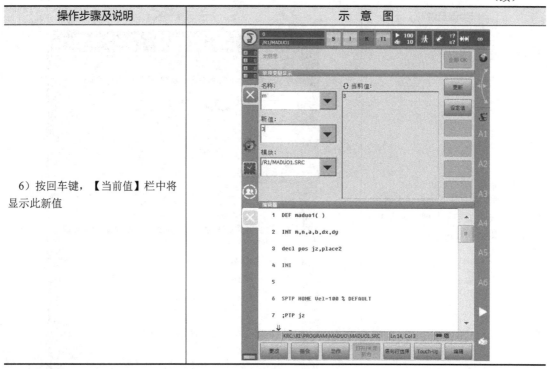

（3）输入／输出信号的监控与操作

1）打开输入／输出信号的监控与操作界面：在示教器【主菜单】中选择【显示】→【输入／输出端】，如图 3-11 所示，打开输入／输出信号的监控与操作界面。

输入／输出
信号的监控与操作

图 3-11　数字输入／输出端

2）显示某一特定输入/输出端：在图 3-11 所示数字输入/输出端界面可选择【数字输出端】、【数字输入端】、【模拟输入端】和【模拟输出端】等。图 3-12 为打开【数字输出端】所显示的各输出端口，选择要强制设置某编号的输出端口，单击【值】，若一个输入或输出端为 TRUE，则被标记为绿色，表示将该端口强制打开。

图 3-12　数字输出端显示信息

如果当前界面没有所需要的端口，可以选择【至】，在跳转出的界面填入想要设置的输出端编号，然后单击回车键确认。图 3-13 为跳转至指定输入/输出端。

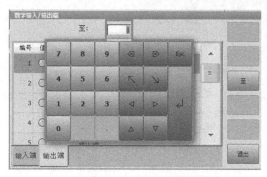

图 3-13　跳转至指定输入/输出端

（4）赋值指令　赋值指令用于对程序数据进行赋值。赋值可以是一个常量或数学表达式。

1）常量赋值：常量赋值是指将固定的常量值进行赋值，可以是数字量、字符串、布尔量等。

2）带数学表达式的赋值：带数学表达式的赋值语句指令可以在表达式内部对各个子表达式进行一些相关的数学运算，最终以计算结果进行赋值。每个子表达式可以是数字常量，也可以是赋值。

KUKA 工业机器人的赋值指令为 "="。如图 3-14 所示，首先将常量 1 赋值给 A，接着将 A 赋值给 B，最后将 B+A 数学表达式的值赋值给 C。

A=1
B=A
C=B+A

图 3-14　赋值指令示例

（5）偏移指令　偏移指令用于设置笛卡儿空间的点分别沿 X、Y、Z 方向偏移的函数，作用是在基于位置目标点的某一个方向上进行相应的偏移。

如图 3-15 所示，P2 点相对于 P1 点沿 X 方向偏移一定距

XP2=XP1
XP2.X=XP1+M
XP2.Y=XP1+L
XP2.Z=XP1+N

图 3-15　偏移指令示例 1

Mmm，沿 Y 方向偏移一定距离 Lmm，沿 Z 方向偏移一定距离 Nmm，得到一个新的位置点 P2，则指令程序为：

在图 3-16 所示的偏移指令程序示例中，定义 P2、P3、P4，记录 P1 点位置。首先将 P1 赋值给 P2，然后在笛卡儿坐标系中，P1 经过 X 轴正方向位移 50mm、Z 轴正方向位移 50mm 得到 P2；P1 经过 X 轴负方向位移 50mm 得到 P3；P1 经过 Y 轴正方向位移 100mm 得到 P4。

```
1  DEF pianyi( )
2  DECL POS P1,P2,P3,P4
3  INI
4  SPTP HOME Vel=100 % DEFAULT
5  PTP p1 Vel=100 % PDAT1 Tool[0] Base[0]
6  P2=P1
7  P2.X=P1.X+50
8  P2.Z=P1.Z+50
9  P3=P1
10 P3.X=P1.X-50
11 P4=P1
12 P4.Y=P1.Y+100
13 SPTP HOME Vel=100 % DEFAULT
14 END
```

图 3-16　偏移指令示例 2

3. 流程控制指令

（1）WHILE 循环　WHILE 循环又叫条件循环指令，如图 3-17 所示。当条件满足时，循环执行 DO 与 END 之间的程序段，程序段也称为循环体；当条件不满足时，便执行 END 后的下一个程序段。

WHILE 循环指令格式如图 3-18 所示，condition 是循环判断条件，若满足则执行下面的指令，若不满足判断条件，则停止执行 WHILE 中的指令内容。

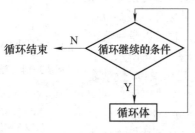

图 3-17　WHILE 循环指令

```
WHILE condition
    ；指令
ENDWHILE
```

图 3-18　WHILE 循环指令格式

在图 3-19 所示的 WHILE 循环示例中，当变量 i 的值大于 10 时，WHILE 循环将停止。

（2）FOR 循环　FOR 循环又叫计数循环，可控制指令块重复执行的次数。指令块重复执行的次数由一个计数变量 i 控制，默认状态下步进幅度（STEP）为 1。读者可根据实际需要自行设定步进幅度。FOR 循环的流程图如图 3-20 所示。

```
5   WHILE i<10

6   i=i+1

7   PTP p1 Vel=100 % PDAT1 Tool[0] Base[0]

8   PTP p2 Vel=100 % PDAT2 Tool[0] Base[0]

9   ENDWHILE
```

图 3-19　WHILE 循环示例　　　　图 3-20　FOR 循环的流程图

FOR 循环指令格式如图 3-21 所示，初始变量 i 为整数型，来对一个循环语句内的循环进行计数，即执行 FOR 循环 4 次。

在图 3-22 所示的 FOR 循环示例中，通过 i 进行计数，即将输出端 1 至 4 依次切换到 TRUE。指令格式中的 STEP1 可以省略。

图 3-21　FOR 循环指令格式　　　　图 3-22　FOR 循环示例

（3）IF 条件语句　用 IF 语句可以构成分支结构。它根据给定的条件进行判断，以决定执行某个分支程序段。使用 IF 分支后，可以只在特定的条件下执行程序段。

IF 语句有两种基本结构：单分支和双分支，如图 3-23 和图 3-24 所示。

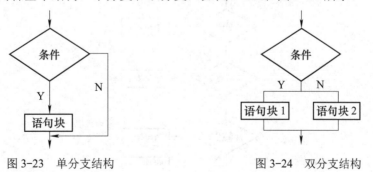

图 3-23　单分支结构　　　　图 3-24　双分支结构

1）单分支：IF。

IF 指令格式如图 3-25 所示，如果条件表达式 condition 的值为真（TRUE），则执行其后的语句，否则不执行该语句。

在图 3-26 所示的单分支程序示例中，当 IF 的 condition 条件为真，则执行 IF 后的 PTP

指令语句；否则不执行该指令语句。

IF condition THEN
    ; 指令
ENDIF

```
5   IF i==2 THEN

6   PTP p1 Vel=100 % PDAT1 Tool[0] Base[0]

7   ENDIF
```

图 3-25 IF 指令格式   图 3-26 单分支程序示例

2）双分支：IF-ELSE。

IF-ELSE 指令格式如图 3-27 所示，如果条件表达式 condition 的值为真（TRUE），则执行语句 1，否则执行语句 2。

在图 3-28 所示的双分支 IF-ELSE 程序示例中，当 IF 的 condition 条件为真，则执行 THEN 后面的指令语句；否则执行 ELSE 的语句。

IF condition THEN
    ; 语句 1
ELSE
    ; 语句 2
ENDIF

```
5   IF i==2 THEN

6   PTP p1 Vel=100 % PDAT1 Tool[0] Base[0]

7   ELSE

8   PTP p2 Vel=100 % PDAT2 Tool[0] Base[0]

9   ENDIF
```

图 3-27 IF-ELSE 指令格式   图 3-28 IF-ELSE 程序示例

（4）SWITCH 语句 SWITCH 语句专门处理多路分支的情形，而且对于不同情况，用 SWITCH 指令能够区分多种情况并为每种情况执行不同的操作，如图 3-29 所示。注意：常量表达式的值必须是整型、字符型或者枚举类型。

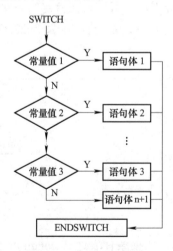

图 3-29 SWITCH 语句

在图 3-30 所示的 SWITCH 指令格式中，SWITCH 指令传递的变量用作选择跳到预定义的 CASE 指令中。如果 SWITCH 指令未找到预定义的 CASE，则运行事先已定义的 DEFAULT（默认）段。

在图 3-31 所示的 SWITCH 结构程序示例中，当程序指令运行到 SWITCH 时，检测到 number 为 1 时，运行"PTP p1"；检测到 number 为 2 时，运行 PTP p2 程序；检测到 number 为 3 时，运行 PTP p3 程序；当 number 不为 1、2、3 中的任何一个时，程序运行 PTP p4。

图 3-30　SWITCH 指令格式　　　　图 3-31　SWITCH 结构程序示例

二、任务实施

1. 码垛任务运动轨迹规划

本任务以圆柱形码垛块为例，将指定码垛块按要求从井式供料模块搬运至平面码垛模块的中间位置。抓取位置在变频输送带工件检测位置，码放位置如图 3-32 所示，以 4 行 3 列垛型放置，设定基坐标系 maduo，码垛块相邻两个放置位置中心点间隔 60mm，以沿 X 轴方向偏移为行号，以沿 Y 轴方向偏移为列号。

规划 6 个核心程序示教点作为码垛轨迹点，程序点说明见表 3-4，码垛轨迹示意图如图 3-33 所示。

图 3-32　放置工件位置

表 3-4 程序点说明

程 序 点	符 号	说 明
程序点 1	Home	起始原点
程序点 2	pick1	抓取正上方点
程序点 3	pick2	抓取位置点
程序点 4	place1	放置基准正上方点
程序点 5	place2	放置位置点（变量）
程序点 6	jz	放置位置基准点

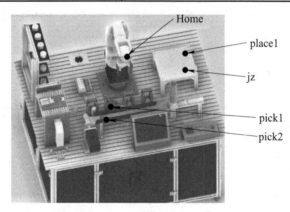

图 3-33 码垛轨迹示意图

2. I/O 配置

KUKA 工业机器人控制系统提供了 I/O 通信接口，具体见表 3-5。

表 3-5 I/O 通信接口

输 入	输 出	功能说明	输出状态	
			TRUE	FALSE
	OUT1	控制快换工具	夹紧	张开
	OUT3	控制吸盘工具真空	开启	关闭
	OUT105	变频输送带启停	停止	启动
	OUT100	推料气缸电磁阀	伸出	缩回
IN112		传送带物料到位检测	到位	未到位
IN104		供料站有料检测	有料	没有料

3. 示教编程

工业机器人码垛示教编程见表 3-6。

工业机器人
码垛示教编程

表 3-6　工业机器人码垛示教编程

操作步骤及说明	示　意　图
1）新建工具坐标系：用 XYZ 4 点法建立工具坐标系，命名为 maduo	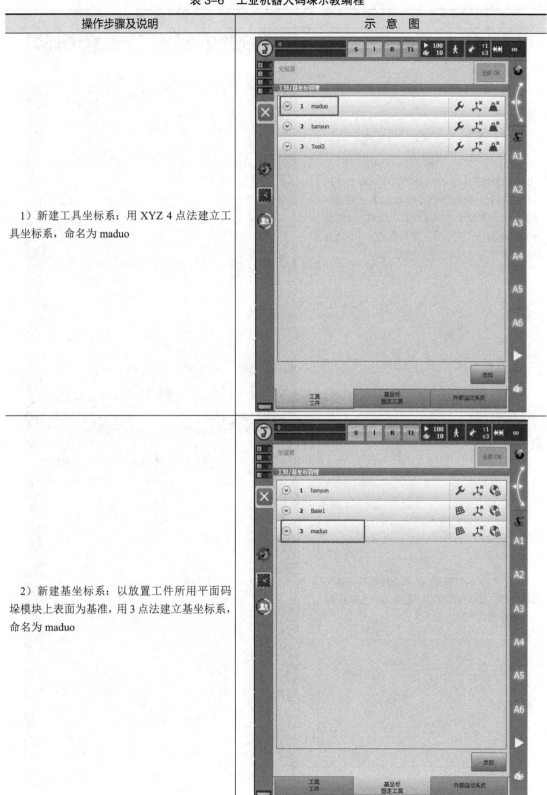
2）新建基坐标系：以放置工件所用平面码垛模块上表面为基准，用 3 点法建立基坐标系，命名为 maduo	

（续）

操作步骤及说明	示　意　图
3）新建程序模块：在专家模式下单击【R1】，选择【R1】文件夹下的【Program】文件夹，单击示教器界面左下角【新】，新建一个名称为maduo的程序文件夹，然后在此文件夹下新建一个名称为maduo1的程序模块	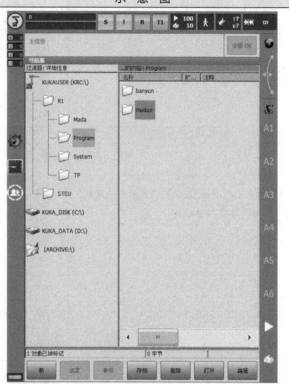
4）打开程序文件夹：进入程序模块界面，选择已命名好的程序模块，然后选择【打开】，进入程序编辑界面	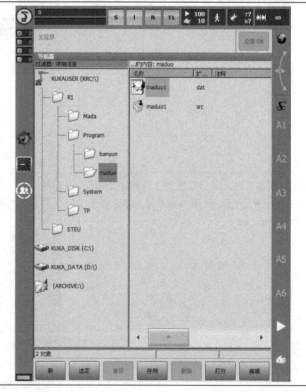

（续）

操作步骤及说明	示 意 图
5）定义变量：在程序编辑界面，分别定义 6 个整数型变量和 2 个位置结构型变量，单击键盘按键图标 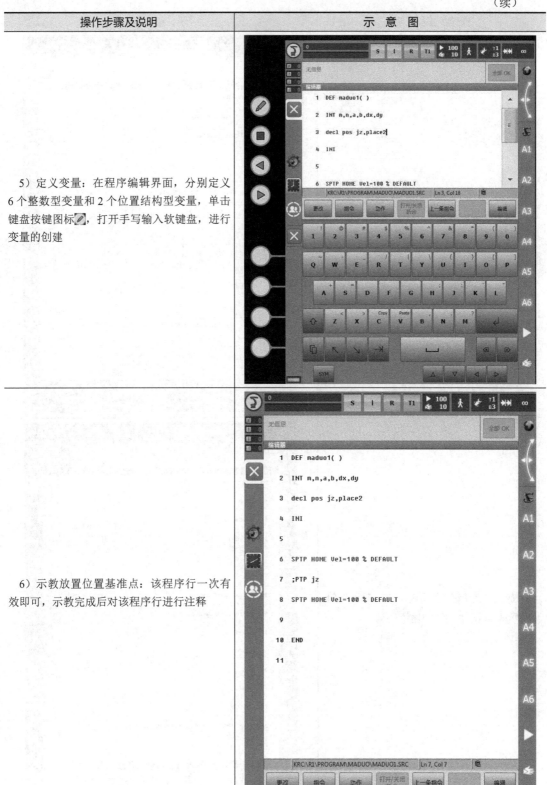，打开手写输入软键盘，进行变量的创建	
6）示教放置位置基准点：该程序行一次有效即可，示教完成后对该程序行进行注释	

（续）

操作步骤及说明	示 意 图
7）变量赋值：对程序中所使用到的整数型变量进行初始值赋值	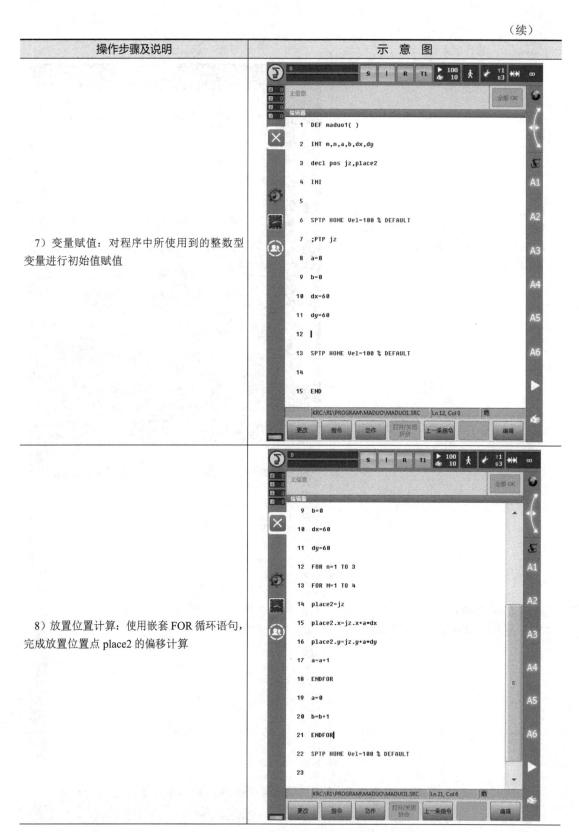
8）放置位置计算：使用嵌套 FOR 循环语句，完成放置位置点 place2 的偏移计算	

（续）

操作步骤及说明	示 意 图
9）推料：添加 OUT 逻辑指令，将输出端 OUT 编号改为 100，输出接通状态 State 改为 TRUE，取消 CONT，控制推料气缸推出码垛块至变频输送带上	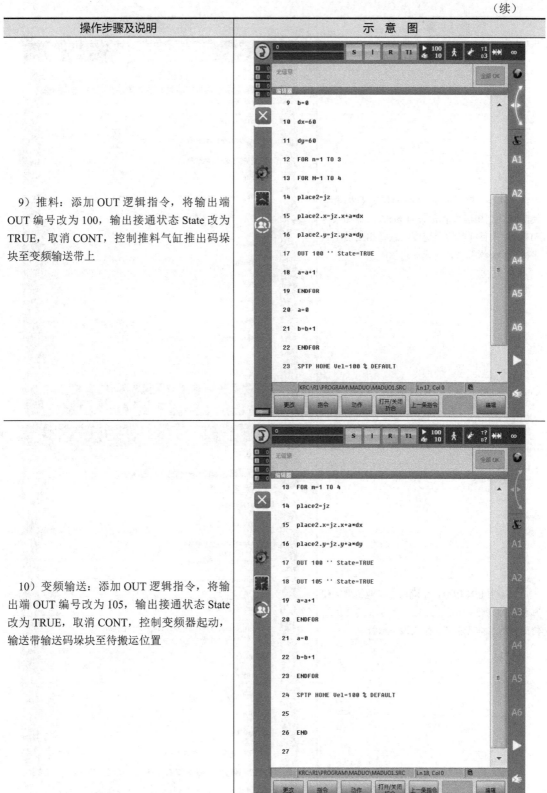
10）变频输送：添加 OUT 逻辑指令，将输出端 OUT 编号改为 105，输出接通状态 State 改为 TRUE，取消 CONT，控制变频器起动，输送带输送码垛块至待搬运位置	

（续）

操作步骤及说明	示 意 图
11）添加 PTP 指令：手动操作工业机器人使其移动到搬运位置上方点 pick1，添加指令 PTP，修改目标名称及速度，选择相应的工具坐标系和基坐标系，完成该点示教	13 FOR M=1 TO 4 14 place2=jz 15 place2.x=jz.x+a*dx 16 place2.y=jz.y+a*dy 17 OUT 100 '' State=TRUE 18 OUT 105 '' State=TRUE 19 PTP pick1 Vel=100 % PDAT4 Tool[1]:maduo ↳ Base[3]:maduo 20 a=a+1 21 ENDFOR 22 a=0 23 b=b+1 24 ENDFOR 25 SPTP HOME Vel=100 % DEFAULT 26 27 END KRC\R1\PROGRAM\MADUO\MADUO1.SRC Ln 19, Col 21 更改　指令　动作　打开/关闭折合　上一条指令　编辑
12）添加 LIN 指令：手动操作工业机器人使其移动到搬运位置点 pick2，添加指令 LIN，修改目标名称及速度，完成该点示教	13 FOR M=1 TO 4 14 place2=jz 15 place2.x=jz.x+a*dx 16 place2.y=jz.y+a*dy 17 OUT 100 '' State=TRUE 18 OUT 105 '' State=TRUE 19 PTP pick1 Vel=100 % PDAT4 Tool[1]:maduo ↳ Base[3]:maduo 20 LIN pick2 Vel=2 m/s CPDAT14 Tool[1]:maduo ↳ Base[3]:maduo 21 a=a+1 22 ENDFOR 23 a=0 24 b=b+1 25 ENDFOR 26 SPTP HOME Vel=100 % DEFAULT KRC\R1\PROGRAM\MADUO\MADUO1.SRC Ln 20, Col 55 更改　指令　动作　打开/关闭折合　上一条指令　编辑

（续）

操作步骤及说明	示　意　图
13）添加 OUT 逻辑指令：将输出端 OUT 编号改为 3，输出接通状态 State 改为 TRUE，取消 CONT，吸盘真空开启	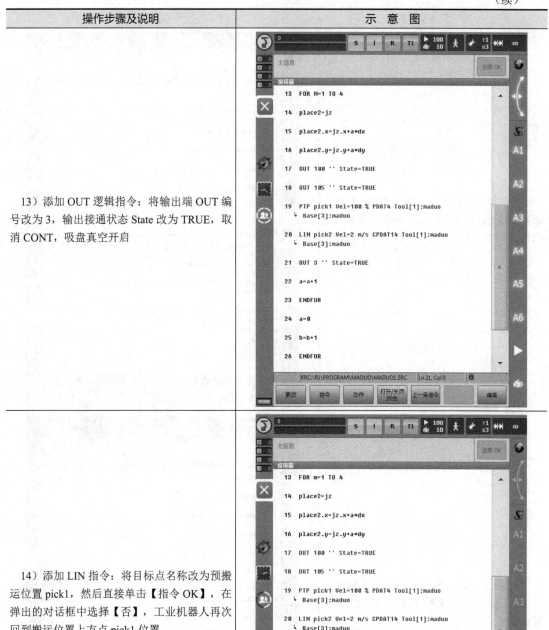
14）添加 LIN 指令：将目标点名称改为预搬运位置 pick1，然后直接单击【指令 OK】，在弹出的对话框中选择【否】，工业机器人再次回到搬运位置上方点 pick1 位置	

（续）

操作步骤及说明	示 意 图
15）添加 PTP 指令：手动操作工业机器人使其移动到放置位置上方点 place1，添加指令 PTP，修改目标点名称及速度，完成该点示教	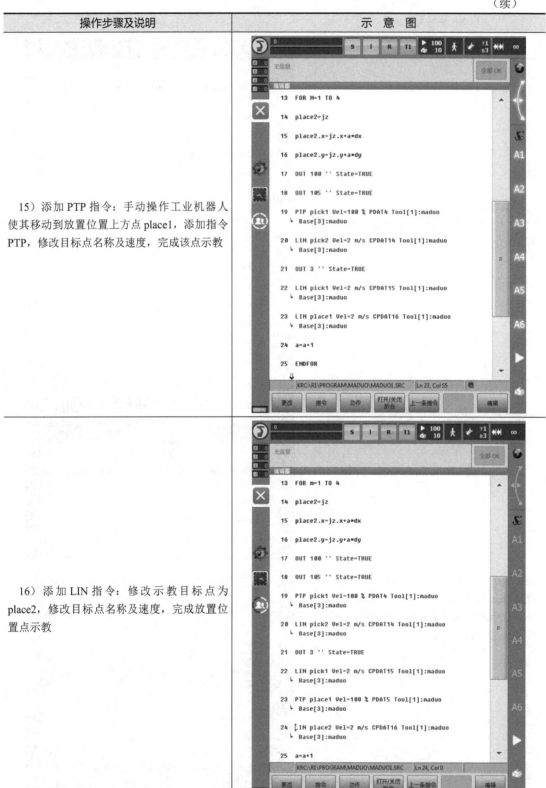
16）添加 LIN 指令：修改示教目标点为 place2，修改目标点名称及速度，完成放置位置点示教	

（续）

操作步骤及说明	示 意 图
17）添加 OUT 逻辑指令：将输出端 OUT 编号改为 3，输出接通状态 State 改为 FALSE，取消 CONT，吸盘真空关闭	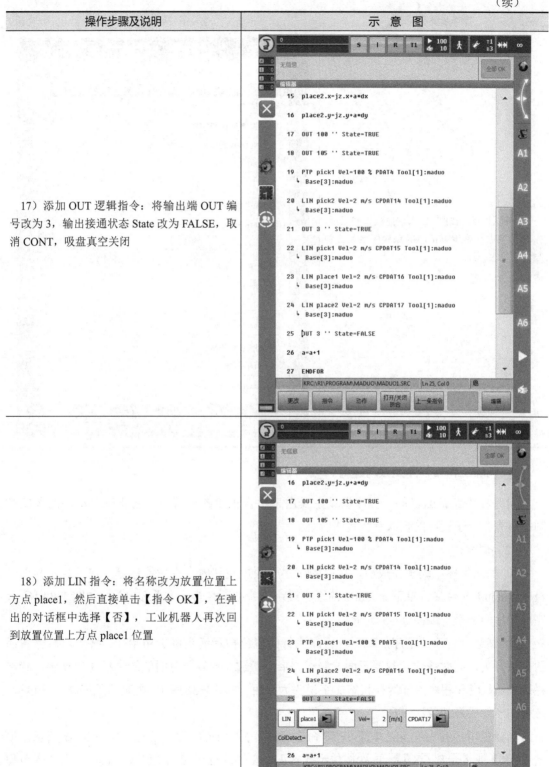
18）添加 LIN 指令：将名称改为放置位置上方点 place1，然后直接单击【指令 OK】，在弹出的对话框中选择【否】，工业机器人再次回到放置位置上方点 place1 位置	

(续)

操作步骤及说明	示　意　图
19）调试运行：工业机器人程序编辑完成后，先对程序进行单步调试，确保程序运动过程与实际需求一致	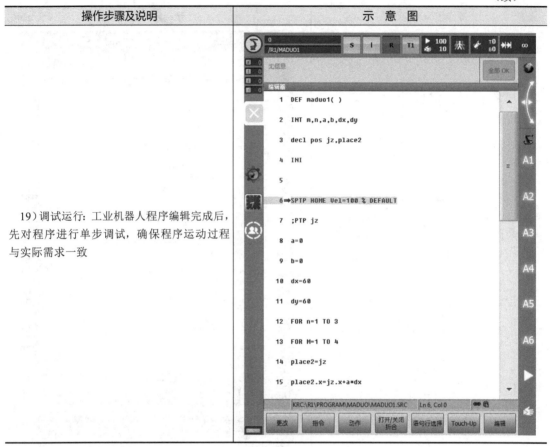

4. 码垛工作站程序调试与运行

（1）程序调试的目的　程序调试主要用来检查程序的位置点是否正确，程序的逻辑控制是否完善，子程序的输入参数是否合理。

（2）调试程序

1）加载程序：编程完成后，保存的程序必须加载到内存中才能运行。在示教器界面选择【maduo】文件夹目录下 maduo1 的程序模块，单击示教器下方【选定】，如图 3-34 所示，完成程序的加载，如图 3-35 所示。

2）试运行程序：程序加载后，程序执行的蓝色指示箭头位于初始行。按下示教器背面的确认开关，同时按住示教器正面左侧程序启动键或示教器背面的绿色程序启动键，状态栏运行键【R】和程序内部运行状态文字说明为绿色，如图 3-36 所示，则表示程序开始试运行，蓝色指示箭头开始依次下移。

当蓝色指示箭头移至第 4 行 SPTP 命令行时，弹出 BCO 提示信息，如图 3-37 所示，单击【OK】或【全部 OK】，再次按住示教器正面左侧的程序启动键或示教器背面的绿色程序启动键，程序开始向下顺序执行。

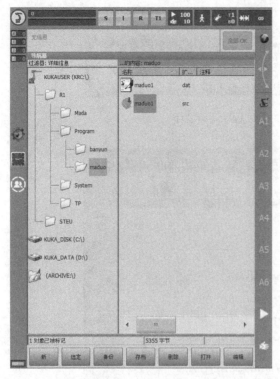

调试程序（码垛）

图 3-34　选定程序

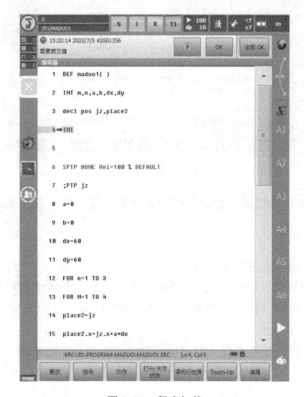

图 3-35　程序加载

绿色

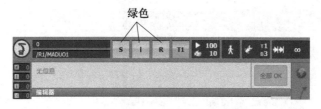

图 3-36　程序开始运行

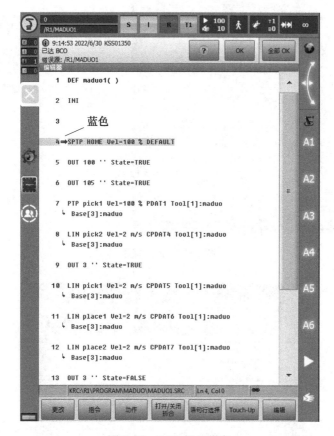

图 3-37　BCO 提示信息

3）自动运行程序：经过试运行确保程序无误后，方可进行自动运行程序。自动运行程序操作步骤如下：

① 加载程序。

② 手动操作程序直至程序提示 BCO 信息。

③ 利用连接管理器切换运行方式。转动运动方式选择开关到"锁紧"位置，弹出运行方式，选择【AUT】方式，再将连接管理器转动到"开锁"位置，此时示教器顶端的状态显示编辑栏【T1】改为【AUT】。

④ 为安全起见，降低工业机器人自动运行速度，在第一次运行程序时，建议将程序调节量设定为 10%。

⑤ 单击示教器左侧的程序启动键，程序自动运行，工业机器人自动完成码垛任务。

评价反馈

基本素养（30分）				
序 号	评 估 内 容	自 评	互 评	师 评
1	纪律（无迟到、早退、旷课）（10分）			
2	安全规范操作（10分）			
3	团结协作能力、沟通能力（10分）			
理论知识（30分）				
序 号	评 估 内 容	自 评	互 评	师 评
1	变量指令的应用特点（6分）			
2	输入/输出信号的监控操作意义（6分）			
3	流程控制指令的使用特点（6分）			
4	码垛机器人的工作流程分析（6分）			
5	码垛机器人的垛型计算（6分）			
技能操作（40分）				
序 号	评 估 内 容	自 评	互 评	师 评
1	码垛轨迹规划（10分）			
2	程序运行示教（10分）			
3	程序校验、试运行（10分）			
4	程序自动运行（10分）			
综合评价				

练习与思考

一、填空题

1. _____是指将物品整齐、规则地摆放成货垛的作业。

2. 示教器出厂时，默认的显示语言是_____。

3. 用户组（User group）里面，有_____、_____、_____、_____、_____等登录选项，其中当选择_____和_____时，语言选择界面为不可进入的灰色，没有切换语言的权限。

4. _____指令用于设置笛卡儿空间的点分别沿 X、Y、Z 方向偏移的函数。

5. 在 SWITCH 语句中，其中常量表达式的值必须是_____、_____或_____。

二、简答题

1. 用什么方法可以强制某一特定输入/输出端打开？

2. 如何计算规则垛型的码放位置点？

项目四　装配机器人工作站编程调试

学习目标

○ 能使用等待功能指令进行编程调试。
○ 能使用子程序调用进行复杂程序编写。
○ 能使用示教器编制装配应用程序。

工作任务

一、工作任务的背景

大部件高精度装配机器人技术集成了先进的计算机技术、机器人技术、数字化测量技术等先进技术，为大部件的高精、高效装配提供了硬件系统支撑。如图 4-1 所示的装配机器人协作组，在汽车行业具有较好的应用前景。

图 4-1　装配机器人协作组

二、所需要的设备

工业机器人搬运工作站涉及的主要设备包括：KUKA-KR3 型工业机器人本体、工业机器人控制柜、示教器、气泵、吸盘工具、快换工具、涂胶装配扩展模块、装配工件等，如图 4-2 所示。

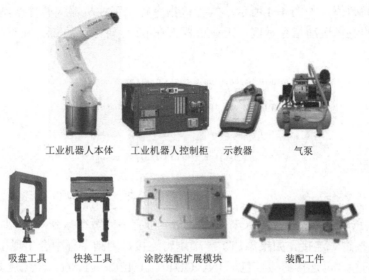

工业机器人本体　　工业机器人控制柜　　示教器　　　气泵

吸盘工具　　快换工具　　涂胶装配扩展模块　　　装配工件

图 4-2　装配工作站所需设备

三、任务描述

本任务以涂胶装配扩展模块的装配为典型案例，通过编程实现自动将吸盘工具安装到工业机器人的快换工具上，由吸盘工具依次抓取圆柱、正方体、长方体，并将圆柱、正方体、长方体依次放入涂胶装配扩展模块里，最后盖上装配盒的盖子进行封装，如图 4-3 所示。

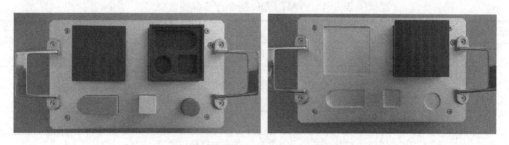

图 4-3　装配前后工件位置示意图

实践操作

一、知识储备

1. 等待功能

运动程序中等待功能可以很简单地进行编程。等待功能被区分为与时间有关的等待功能和与信号有关的等待功能。

（1）WAIT 指令　WAIT 设定一个与时间有关的等待功能，可以使工业机器人的运动按编程设定的时间暂停。如图 4-4 所示，执行该指令行，工业机器人暂停运动 1s。图 4-5 为等待指令应用的逻辑运动指令示例，工业机器人在 p2 点暂停运动 2s。注意：WAIT 总是触发一次预进停止。

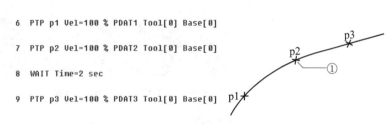

图 4-4　WAIT 指令格式　　　　　图 4-5　使用 WAIT 的逻辑运动指令示例

（2）WAIT FOR 指令　WAIT FOR 指令为与信号有关的等待指令，需要时可将多个信号（最多 12 个）按逻辑连接。如果添加了一个逻辑连接，则指令行中会出现用于附加信号和其他逻辑连接的栏，可连接的信号包括 IN、OUT、TIMER、FLAG、CYCFLAG。

WAIT FOR 指令行格式如图 4-6 所示。

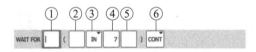

图 4-6　WAIT FOR 指令行格式

在图 4-6 所示的 WAIT FOR 指令行，各参数含义见表 4-1。

表 4-1　WAIT FOR 指令行各参数含义

序　号	含　义
①	添加外部连接。运算符位于加括号的表达式之间，运算符包括 AND、OR、EXOR
②	是否添加 NOT，包括 NOT、[空白]
③	可连接的信号，包括 IN、OUT、TIMER、FLAG、CYCFLAG
④	信号的编号，范围为 1 ~ 4096
⑤	输入端编号及文本信息（若信号有名称，则会被显示出来）
⑥	1）CONT：在预进过程中进行轨迹路径逼近 2）[空白]：无轨迹路径逼近

在图 4-7 所示的使用 WAIT FOR 的逻辑运动示例中，执行该指令时，工业机器人暂停在 p2 点，等待输入信号 10 的值为真，工业机器人再继续往下一个点 p3 运动。

```
5  PTP p1 Vel=100 % PDAT1 Tool[0] Base[0]

6  PTP p2 CONT Vel=100 % PDAT2 Tool[0] Base[0]

7  WAIT FOR ( IN 10 'door_signal' )

8  PTP p3 Vel=100 % PDAT3 Tool[0] Base[0]
```

图 4-7　使用 WAIT FOR 的逻辑运动示例

（3）逻辑连接　在应用与信号相关的等待功能时也会用到逻辑连接。用逻辑连接可将不同信号或状态的查询组合起来。例如可定义相关性，或排除特定的状态。

一个具有逻辑运算符的函数始终以一个真值为结果，即最后始终给出真（值 1）或假（值 0）。

逻辑连接原理如图 4-8 所示。

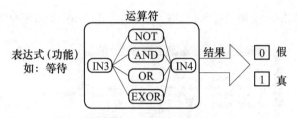

图 4-8　逻辑连接原理

常用逻辑连接的运算符的含义见表 4-2。

表 4-2　常用逻辑连接的运算符的含义

序　　号	说　　明
NOT	该运算符用于否定，即使值逆反 （由真变为假）
AND	当连接的两个表达式为真时，该表达式的结果为真
OR	当连接的两个表达式中至少一个为真时，该表达式的结果为真
EXOR	当由该运算符连接的命题有不同的真值时，该表达式的结果为真

2. 程序调用

在实际的编程过程中，用户需要处理很多相似且重复的操作，如抓手的抓取、工具的切换等，为了减少程序的长度，引入了子程序。对于大的程序来说，可以将重复使用的部分作为子程序进行程序调用。

子程序可将工业机器人程序模块化。不将所有指令写入一个程序，而是将特定的流程、计算或过程转移到单独的子程序中，使得程序架构更清晰。

子程序是一个独立的程序部分，有独立的程序描述、声明和指令。子程序的类型有两种：全局子程序和局部子程序。

（1）全局子程序　全局子程序是对所有程序都有效的程序。它是一个独立的工业机器人程序，可由另一个工业机器人程序调用，它有独立的 src 文件和 dat 文件。如图 4-9 所示，全局子程序可根据具体要求对程序进行分支，即某一程序可在某次应用中用作主程序，而在另一次则用作子程序。

（2）局部子程序　局部子程序位于主程序之后，并以"DEF+ 子程序名"开头，以 END 结束。如果不做特殊声明，局部子程序可被当前主程序调用。局部子程序没有独立的 src 文件和 dat 文件，和主程序共用这两个文件，如图 4-10 所示。

（3）调用子程序的过程　子程序可在主程序的任何位置被调用。子程序执行完成后，程序跳回调用它的程序中，执行调用子程序的下一条指令，如图 4-11 所示。另外，在子程序内部，可以进行嵌套调用。

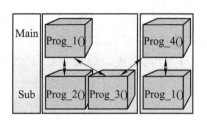
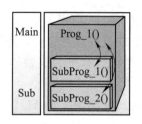

图 4-9　全局子程序示意图　　　　图 4-10　局部子程序示意图

```
1  DEF main( )
2  INI
3  PTP HOME  Vel= 100 % DEFAULT
4  PTP P1 Vel=100 % PDAT1 Tool[2] Base[2]
5  PTP P2 Vel=100 % PDAT2 Tool[2] Base[2]
6  PTP P3 Vel=100 %
7
8  sub_prog()
9
10 PTP P4 Vel=100
11 PTP P5 Vel=100
12 PTP P6 Vel=100 % PDAT6 Tool[2] Base[2]
13 PTP HOME  Vel= 100 % DEFAULT
14 END
15
```

```
1  DEF Sub_Prog( )
2  INI
3  PTP P1 Vel=100 % PDAT1 Tool[2] Base[2]
4  OUT 25'' State=TRUE
5  PTP P4 Vel=100 % PDAT4 Tool[2] Base[2]
6  END
```

图 4-11　调用子程序的过程

二、任务实施

1. 装配任务运动轨迹规划

工业机器人通过快换工具自动安装吸盘工具后，在涂胶装配扩展模块内依次抓取圆柱、正方体、长方体，将其装配到涂胶装配扩展模块里，最后盖上涂胶装配扩展模块的盖子进行封装，完成装配作业。装配流程见表 4-3。

表 4-3　装配流程

立体模型装配步骤	示　意　图
1）自动安装吸盘工具	
2）将红色圆柱装配到装配盒中	

（续）

立体模型装配步骤	示　意　图
3）将黄色正方体装配到装配盒中	
4）将绿色立体块装配到装配盒中	
5）最后盖上装配盒的盖子	
6）完成装配	

2. I/O 配置

KUKA 工业机器人控制系统提供了 I/O 通信接口，具体见表 4-4。

表 4-4　I/O 通信接口

输　入	输　出	功 能 说 明	输出状态	
			TRUE	FALSE
	OUT1	控制快换工具	夹紧	张开
	OUT3	控制吸盘工具真空	开启	关闭
IN1		快换工具张开检测	张开	夹紧
IN2		快换工具夹紧检测	夹紧	张开
IN109		检测吸盘工具是否在工具库模块中	在	不在

3. 示教编程

装配机器人工作站编程过程如下：

（1）坐标系创建　创建工具坐标系、基坐标系，具体见表 4-5。

表 4-5　坐标系创建过程

操作步骤及说明	示　意　图
1）新建工具坐标系：用 XYZ 4 点法建立工具坐标系，命名为 zhuangpei	
2）新建基坐标系：以放置工件所用涂胶装配模块上表面为基准，用 3 点法建立基坐标系，命名为 zhuangpei	

（2）取吸盘工具子程序编写　编写快换工具抓取
吸盘工具子程序，具体见表4-6。

取吸盘工具子程序编写

表4-6　取吸盘工具子程序编写

操作步骤及说明	示　意　图
1）创建【zhuangpei】程序文件夹：在专家模式下单击【R1】，选择【R1】文件夹下的【Program】文件夹，单击示教器界面左下角【新】，新建一个名称为zhuangpei的程序文件夹	
2）创建取吸盘工具程序模块：在【zhuangpei】程序文件夹中，新建一个名称为quxipan的程序模块	

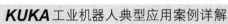
（续）

操作步骤及说明	示　意　图
3）打开创建的程序模块"quxipan"，进入程序编辑界面	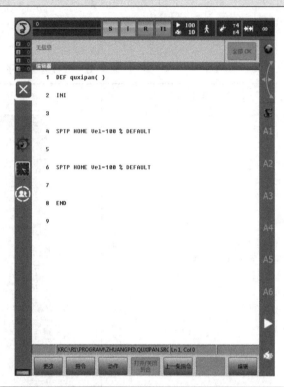
4）创建 WAIT FOR 指令：依次单击【指令】→【逻辑】→【WAITFOR】，创建出 WAIT FOR 指令	

（续）

操作步骤及说明	示 意 图
5）对吸盘工具存放位置检测：检测吸盘工具是否在工具库模块中，在【WAIT FOR】中输入信号 109	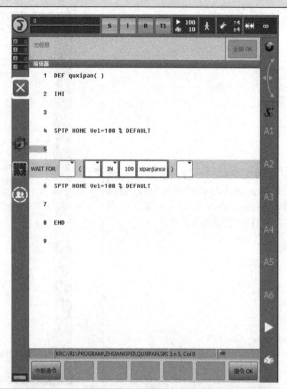
6）添加快换工具逻辑控制 OUT 指令：依次单击【指令】→【逻辑】→【OUT】→【OUT】	

（续）

操作步骤及说明	示 意 图
7）快换工具打开：修改快换工具逻辑控制指令 OUT 输出端编号为 1，输出接通状态 State 的状态为 FALSE，取消 CONT，则快换工具为张开状态	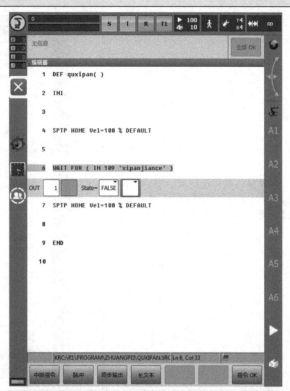
8）添加等待 WAIT 指令：依次单击【指令】→【逻辑】→【WAIT】	

（续）

操作步骤及说明	示 意 图
9）写入等待时间：输入等待时间为1s，单击【指令OK】	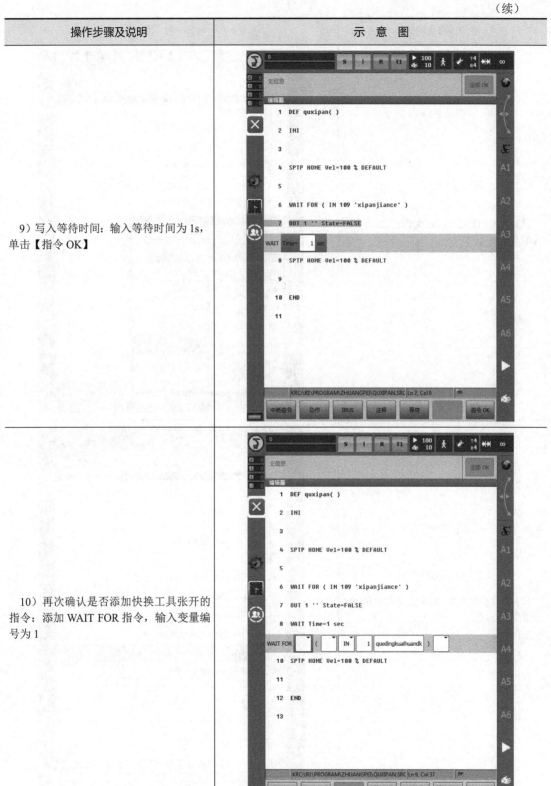
10）再次确认是否添加快换工具张开的指令：添加 WAIT FOR 指令，输入变量编号为1	

（续）

操作步骤及说明	示　意　图
11）添加 PTP 指令：依次单击【指令】→【运动】→【PTP】	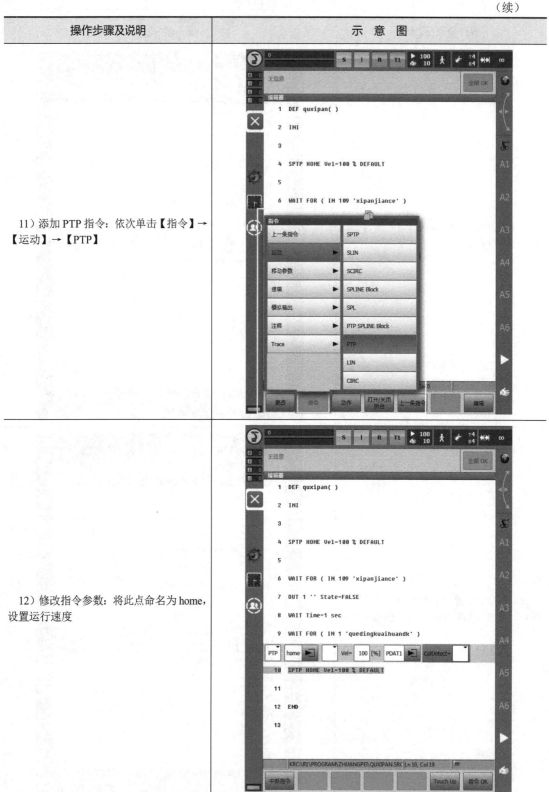
12）修改指令参数：将此点命名为 home，设置运行速度	

（续）

操作步骤及说明	示　意　图
13）添加直线运动指令：依次单击【指令】→【运动】→【LIN】	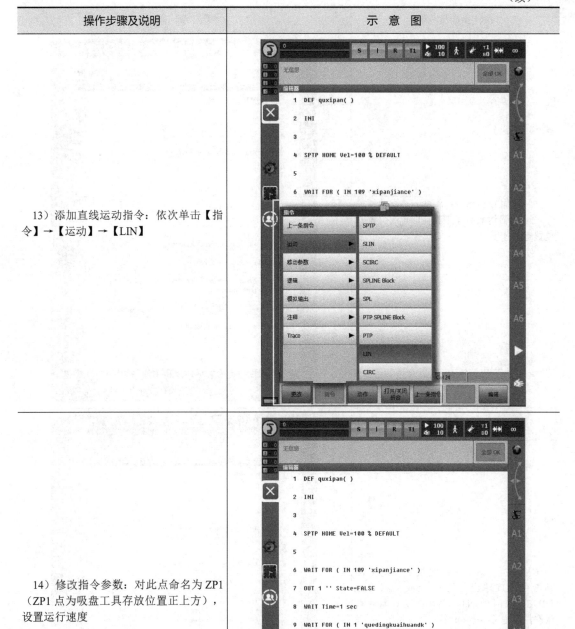
14）修改指令参数：对此点命名为 ZP1（ZP1 点为吸盘工具存放位置正上方），设置运行速度	

（续）

操作步骤及说明	示　意　图
15）添加 LIN 指令：将此点命名为 ZP2（ZP2 点为到达取吸盘工具抓取点的位置），设置运行速度	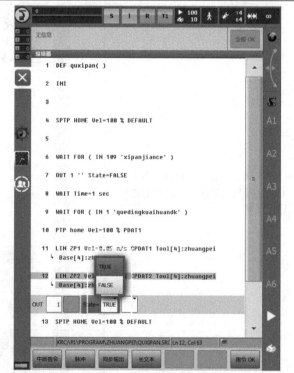
16）快换工具夹紧：快换工具逻辑控制指令 OUT 输出量为 1，State 的状态为 TRUE，取消 CONT，则快换工具为夹紧状态，单击【指令 OK】	

（续）

操作步骤及说明	示 意 图
17）写入等待时间：输入等待时间为1s，单击【指令OK】	
18）再次确认快换夹具夹紧：添加WAIT FOR指令，输入变量编号为2，检测快换工具夹紧	

（续）

操作步骤及说明	示 意 图
19）添加 LIN 指令：添加示教点为 ZP1 的直线指令，使抓取吸盘工具后按照 ZP2、ZP1 点返回，完成取吸盘程序模块 quxipan 的编写	

（3）放吸盘工具子程序编写　编写快换工具放回吸盘工具子程序，见表 4-7。

放吸盘工具子程序编写

表 4-7　放吸盘工具子程序编写

操作步骤及说明	示 意 图
1）选择创建放吸盘程序模块位置：在专家模式下单击【R1】，选择【R1】文件夹下的【Program】文件夹中的【zhuangpei】文件夹	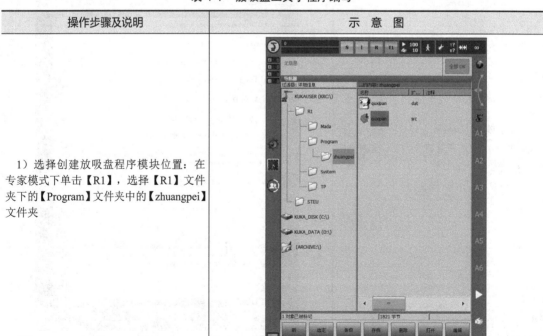

（续）

操作步骤及说明	示 意 图
2）创建放吸盘程序模块：在【zhuangpei】程序文件夹中，新建一个名称为 fangxipan 的程序模块	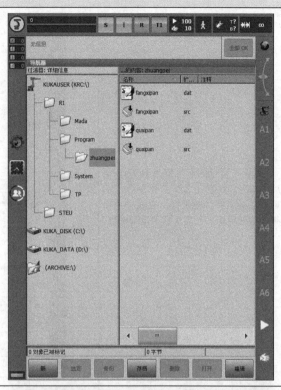
3）打开创建的程序模块"fangxipan"，进入程序编辑界面	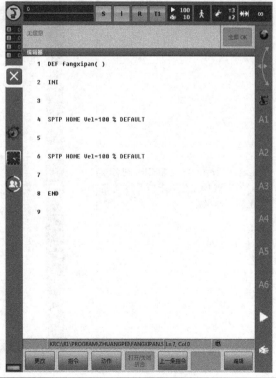

（续）

操作步骤及说明	示 意 图
4）创建程序运行的起位置点 HOME 至 ZP1 点的指令。再单击 ZP1 点指令行，选择对应的工具坐标和基坐标，完成对坐标的选择。根据现场工艺需求修改运动速度	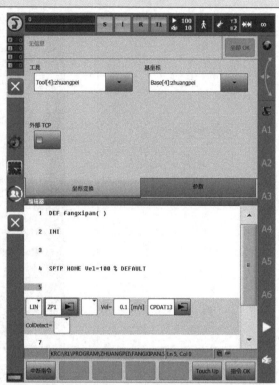
5）创建运动指令：创建由 ZP1 到 ZP2 点的指令。根据现场工艺需求修改运动速度、工具坐标、基坐标	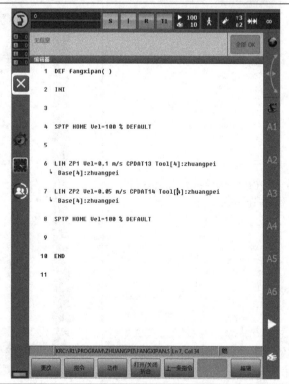

（续）

操作步骤及说明	示 意 图
6）快换工具打开：快换工具逻辑控制指令 OUT 输出量编号为 1，State 的状态为 FALSE，取消 CONT，则快换工具为张开状态	
7）写入等待时间：添加等待指令，输入等待时间为 1s	

（续）

操作步骤及说明	示　意　图
8）再次确认是否添加张开快换工具的指令：添加 WAIT FOR 指令，输入变量编号为 1	
9）添加 LIN 指令：放下吸盘工具后再返回 ZP1 点，完成放吸盘程序模块 fangxipan 的编写	

（4）装配子程序编写　装配子程序编写过程见表4-8。

装配子程序编写

表4-8　装配子程序编写

操作步骤及说明	示　意　图
1）选择创建装配工件程序模块位置：在专家模式下单击【R1】，选择【R1】文件夹下【Program】文件夹中的【zhuangpei】文件夹	
2）创建装配工件程序模块：在【zhuang-gpei】程序文件夹中，新建一个名称为"zhuangpeigongjian"的程序模块	

（续）

操作步骤及说明	示 意 图
3）打开创建的程序模块"zhuangpeigong-jian"，进入程序编辑界面	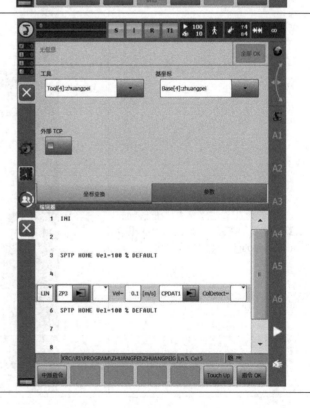
4）创建 ZP3 点并更换工具坐标、基坐标：创建程序运行的起位置点 HOME 至 ZP3 点的指令。再单击 ZP3 点指令行，选择对应的工具坐标和基坐标，完成对坐标的选择。根据现场工艺需求修改运动速度	

（续）

操作步骤及说明	示 意 图
5）创建运动指令：创建由 ZP3 到 ZP4 点的指令。根据现场工艺需求修改运动速度、工具坐标、基坐标	 **编辑器** 1 INI 2 3 SPTP HOME Vel=100 % DEFAULT 4 5 LIN ZP3 Vel=0.1 m/s CPDAT1 Tool[4]:zhuangpei 　↳ Base[4]:zhuangpei 6 LIN ZP4 Vel=0.05 m/s CPDAT2 Tool[4]:zhuangpei 　↳ Base[4]:zhuangpei 7 SPTP HOME Vel=100 % DEFAULT 8 9 KRC:\R1\PROGRAM\ZHUANGPEI\ZHUANGPEIG Ln 6, Col 0 更改　指令　动作　打开/关闭折合　上一条指令　编辑
6）添加 OUT 逻辑指令：将输出端编号改为 3，输出接通状态 State 改为 TRUE，取消 CONT	 **编辑器** 1 INI 2 3 SPTP HOME Vel=100 % DEFAULT 4 5 LIN ZP3 Vel=0.1 m/s CPDAT1 Tool[4]:zhuangpei 　↳ Base[4]:zhuangpei 6 LIN ZP4 Vel=0.05 m/s CPDAT2 Tool[4]:zhuangpei 　↳ Base[4]:zhuangpei 7 OUT 3 '' State=TRUE 8 SPTP HOME Vel=100 % DEFAULT 9 10 KRC:\R1\PROGRAM\ZHUANGPEI\ZHUANGPEIG Ln 7, Col 0 更改　指令　动作　打开/关闭折合　上一条指令　编辑

（续）

操作步骤及说明	示 意 图
7）写入等待时间：添加等待指令，输入等待时间为 1s	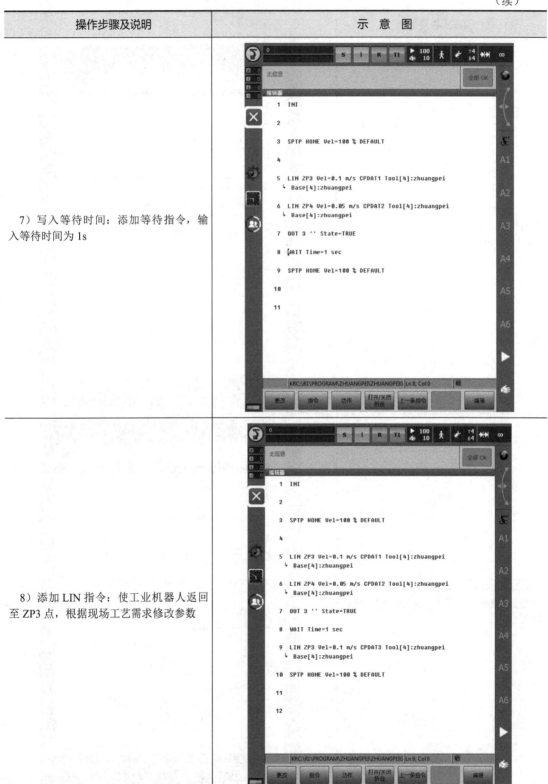
8）添加 LIN 指令：使工业机器人返回至 ZP3 点，根据现场工艺需求修改参数	

（续）

操作步骤及说明	示　意　图
9）添加 LIN 指令：使工业机器人运动到 ZP5 点，根据现场工艺需求修改运动速度。用同样方示教 ZP6 点	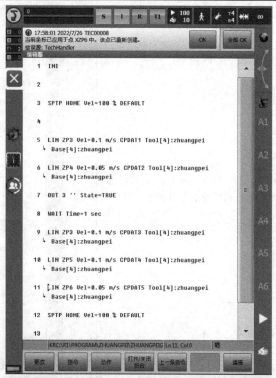
10）添加 OUT 指令：将输出端编号改为 3，输出接通状态 State 改为 FALSE，取消 CONT	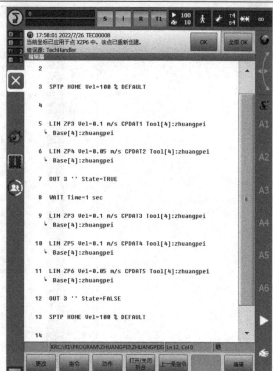

KUKA工业机器人典型应用案例详解

（续）

操作步骤及说明	示　意　图
11）添加 LIN 指令：使工业机器人返回至 ZP5 点，根据现场工艺需求修改参数	*(屏幕截图)*
12）用同样的方法示教 ZP7、ZP8 点，根据现场工艺需求修改参数	*(屏幕截图)*

First screenshot program:
```
3   SPTP HOME Vel=100 % DEFAULT
4
5   LIN ZP3 Vel=0.1 m/s CPDAT1 Tool[4]:zhuangpei
      Base[4]:zhuangpei
6   LIN ZP4 Vel=0.05 m/s CPDAT2 Tool[4]:zhuangpei
      Base[4]:zhuangpei
7   OUT 3 '' State=TRUE
8   WAIT Time=1 sec
9   LIN ZP3 Vel=0.1 m/s CPDAT3 Tool[4]:zhuangpei
      Base[4]:zhuangpei
10  LIN ZP5 Vel=0.1 m/s CPDAT4 Tool[4]:zhuangpei
      Base[4]:zhuangpei
11  LIN ZP6 Vel=0.05 m/s CPDAT5 Tool[4]:zhuangpei
      Base[4]:zhuangpei
12  OUT 3 '' State=FALSE
13  LIN ZP5 Vel=0.1 m/s CPDAT6 Tool[4]:zhuangpei
      Base[4]:zhuangpei
14  SPTP HOME Vel=100 % DEFAULT
```

Second screenshot program:
```
5   LIN ZP3 Vel=0.1 m/s CPDAT1 Tool[4]:zhuangpei
      Base[4]:zhuangpei
6   LIN ZP4 Vel=0.05 m/s CPDAT2 Tool[4]:zhuangpei
      Base[4]:zhuangpei
7   OUT 3 '' State=TRUE
8   WAIT Time=1 sec
9   LIN ZP3 Vel=0.1 m/s CPDAT3 Tool[4]:zhuangpei
      Base[4]:zhuangpei
10  LIN ZP5 Vel=0.1 m/s CPDAT4 Tool[4]:zhuangpei
      Base[4]:zhuangpei
11  LIN ZP6 Vel=0.05 m/s CPDAT5 Tool[4]:zhuangpei
      Base[4]:zhuangpei
12  OUT 3 '' State=FALSE
13  LIN ZP5 Vel=0.1 m/s CPDAT6 Tool[4]:zhuangpei
      Base[4]:zhuangpei
14  LIN ZP7 Vel=0.1 m/s CPDAT7 Tool[4]:zhuangpei
      Base[4]:zhuangpei
15  LIN ZP8 Vel=0.05 m/s CPDAT8 Tool[4]:zhuangpei
      Base[4]:zhuangpei
```

更改　指令　动作　打开/关闭折合　上一条指令　　　编辑

KRC:\R1\PROGRAM\ZHUANGPEI\ZHUANGPEIG Ln 13, Col 0

KRC:\R1\PROGRAM\ZHUANGPEI\ZHUANGPEIG Ln 15, Col 0

（续）

操作步骤及说明	示　意　图
13）添加 OUT 指令：将输出端编号改为 3，输出接通状态 State 设置为 TRUE，取消 CONT	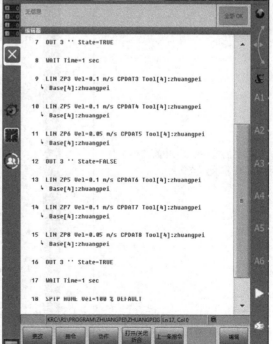
14）写入等待时间：添加等待指令，输入等待时间为 1s	

（续）

操作步骤及说明	示　意　图
15）添加 LIN 指令：使工业机器人返回至 ZP7 点，根据现场工艺需求修改参数	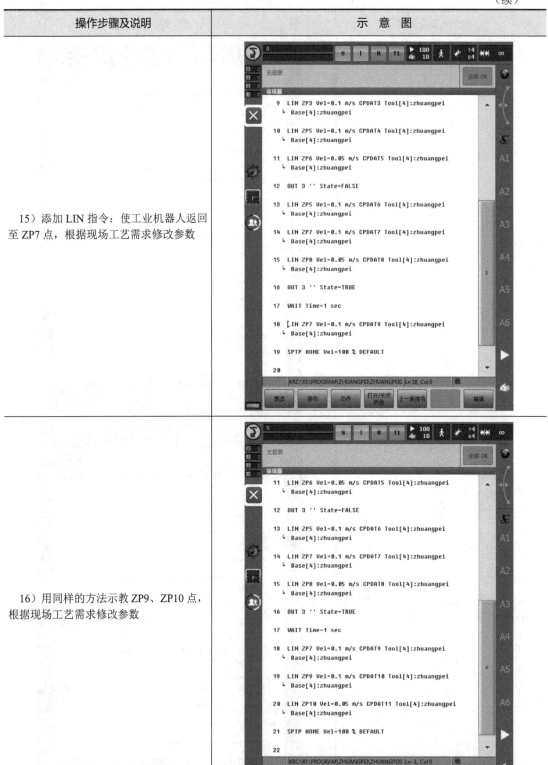
16）用同样的方法示教 ZP9、ZP10 点，根据现场工艺需求修改参数	

（续）

操作步骤及说明	示 意 图
17）添加 OUT 指令：将输出端编号改为 3，输出接通状态 State 设置为 FALSE，取消 CONT	![示意图] 12 OUT 3 '' State=FALSE 13 LIN ZP5 Vel=0.1 m/s CPDAT6 Tool[4]:zhuangpei ↳ Base[4]:zhuangpei 14 LIN ZP7 Vel=0.1 m/s CPDAT7 Tool[4]:zhuangpei ↳ Base[4]:zhuangpei 15 LIN ZP8 Vel=0.05 m/s CPDAT8 Tool[4]:zhuangpei ↳ Base[4]:zhuangpei 16 OUT 3 '' State=TRUE 17 WAIT Time=1 sec 18 LIN ZP7 Vel=0.1 m/s CPDAT9 Tool[4]:zhuangpei ↳ Base[4]:zhuangpei 19 LIN ZP9 Vel=0.1 m/s CPDAT10 Tool[4]:zhuangpei ↳ Base[4]:zhuangpei 20 LIN ZP10 Vel=0.05 m/s CPDAT11 Tool[4]:zhuangpei ↳ Base[4]:zhuangpei 21 OUT 3 '' State=FALSE 22 SPTP HOME Vel=100 % DEFAULT 23
18）写入等待时间：添加等待指令，输入等待时间为 1s	![示意图] 12 OUT 3 '' State=FALSE 13 LIN ZP5 Vel=0.1 m/s CPDAT6 Tool[4]:zhuangpei ↳ Base[4]:zhuangpei 14 LIN ZP7 Vel=0.1 m/s CPDAT7 Tool[4]:zhuangpei ↳ Base[4]:zhuangpei 15 LIN ZP8 Vel=0.05 m/s CPDAT8 Tool[4]:zhuangpei ↳ Base[4]:zhuangpei 16 OUT 3 '' State=TRUE 17 WAIT Time=1 sec 18 LIN ZP7 Vel=0.1 m/s CPDAT9 Tool[4]:zhuangpei ↳ Base[4]:zhuangpei 19 LIN ZP9 Vel=0.1 m/s CPDAT10 Tool[4]:zhuangpei ↳ Base[4]:zhuangpei 20 LIN ZP10 Vel=0.05 m/s CPDAT11 Tool[4]:zhuangpei ↳ Base[4]:zhuangpei 21 OUT 3 '' State=FALSE 22 WAIT Time=1 sec 23 SPTP HOME Vel=100 % DEFAULT

（续）

操作步骤及说明	示　意　图
19）添加 LIN 指令：使工业机器人返回至 ZP9 点，根据现场工艺需求修改参数	
20）用同样的方法示教 ZP11、ZP12 点，根据现场工艺需求修改参数	

（续）

操作步骤及说明	示　意　图
21）添加 OUT 逻辑指令：将输出端编号改为3，输出接通状态 State 设置为 TRUE，取消 CONT	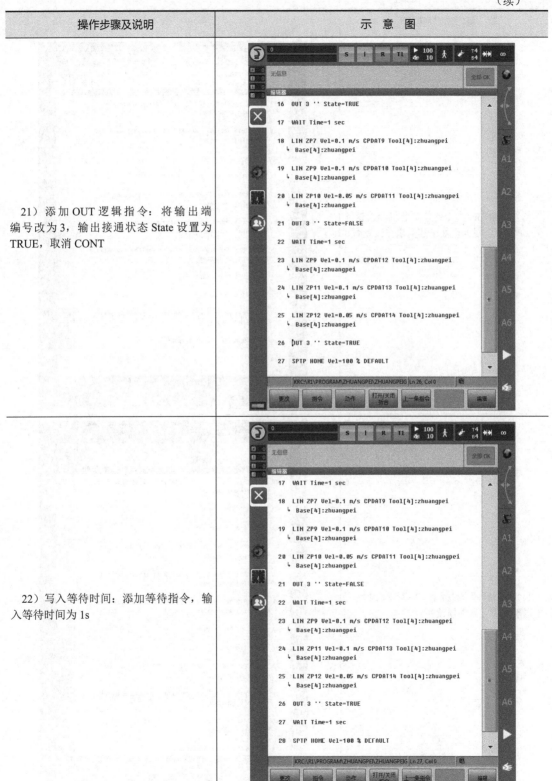
22）写入等待时间：添加等待指令，输入等待时间为 1s	

（续）

操作步骤及说明	示 意 图
23）添加 LIN 指令：使工业机器人返回至 ZP11 点，根据现场工艺需求修改参数	
24）用同样的方法示教 ZP13、ZP14 点，根据现场工艺需求修改参数	

（续）

操作步骤及说明	示　意　图
25）添加 OUT 指令：将输出端编号改为 3，输出接通状态 State 设置为 FALSE	21 OUT 3 '' State=FALSE 22 WAIT Time=1 sec 23 LIN ZP9 Vel=0.1 m/s CPDAT12 Tool[4]:zhuangpei 　↳ Base[4]:zhuangpei 24 LIN ZP11 Vel=0.1 m/s CPDAT13 Tool[4]:zhuangpei 　↳ Base[4]:zhuangpei 25 LIN ZP12 Vel=0.05 m/s CPDAT14 Tool[4]:zhuangpei 　↳ Base[4]:zhuangpei 26 OUT 3 '' State=TRUE 27 WAIT Time=1 sec 28 LIN ZP11 Vel=0.1 m/s CPDAT15 Tool[4]:zhuangpei 　↳ Base[4]:zhuangpei 29 LIN ZP13 Vel=0.1 m/s CPDAT16 Tool[4]:zhuangpei 　↳ Base[4]:zhuangpei 30 LIN ZP14 Vel=0.05 m/s CPDAT17 Tool[4]:zhuangpei 　↳ Base[4]:zhuangpei 31 OUT 3 '' State=FALSE 32 SPTP HOME Vel=100 % DEFAULT KRC:\R1\PROGRAM\ZHUANGPEI\ZHUANGPEIG Ln 31, Col 0
26）添加 LIN 指令：使工业机器人返回至 ZP13 点，根据现场工艺需求修改参数	24 LIN ZP11 Vel=0.1 m/s CPDAT13 Tool[4]:zhuangpei 　↳ Base[4]:zhuangpei 25 LIN ZP12 Vel=0.05 m/s CPDAT14 Tool[4]:zhuangpei 　↳ Base[4]:zhuangpei 26 OUT 3 '' State=TRUE 27 WAIT Time=1 sec 28 LIN ZP11 Vel=0.1 m/s CPDAT15 Tool[4]:zhuangpei 　↳ Base[4]:zhuangpei 29 LIN ZP13 Vel=0.1 m/s CPDAT16 Tool[4]:zhuangpei 　↳ Base[4]:zhuangpei 30 LIN ZP14 Vel=0.05 m/s CPDAT17 Tool[4]:zhuangpei 　↳ Base[4]:zhuangpei 31 OUT 3 '' State=FALSE 32 LIN ZP13 Vel=0.1 m/s CPDAT18 Tool[4]:zhuangpei 　↳ Base[4]:zhuangpei 33 SPTP HOME Vel=100 % DEFAULT 34 KRC:\R1\PROGRAM\ZHUANGPEI\ZHUANGPEIG Ln 32, Col 0

（续）

操作步骤及说明	示　意　图
27）用同样的方法示教 ZP15、ZP16 点，根据现场工艺需求修改参数	
28）添加 OUT 指令：将输出端编号改为 3，输出接通状态 State 设置为 TRUE，取消 CONT	

（续）

操作步骤及说明	示　意　图
29）写入等待时间：添加等待指令，输入等待时间为 1s	 26 OUT 3 '' State=TRUE 27 WAIT Time=1 sec 28 LIN ZP11 Vel=0.1 m/s CPDAT15 Tool[4]:zhuangpei 　Base[4]:zhuangpei 29 LIN ZP13 Vel=0.1 m/s CPDAT16 Tool[4]:zhuangpei 　Base[4]:zhuangpei 30 LIN ZP14 Vel=0.05 m/s CPDAT17 Tool[4]:zhuangpei 　Base[4]:zhuangpei 31 OUT 3 '' State=FALSE 32 LIN ZP13 Vel=0.1 m/s CPDAT18 Tool[4]:zhuangpei 　Base[4]:zhuangpei 33 LIN ZP15 Vel=0.1 m/s CPDAT19 Tool[4]:zhuangpei 　Base[4]:zhuangpei 34 LIN ZP16 Vel=0.05 m/s CPDAT20 Tool[4]:zhuangpei 　Base[4]:zhuangpei 35 OUT 3 '' State=TRUE 36 WAIT Time=1 sec 37 SPTP HOME Vel=100 % DEFAULT
30）添加 LIN 指令：使工业机器人返回至 ZP15 点，根据现场工艺需求修改参数	 29 LIN ZP13 Vel=0.1 m/s CPDAT16 Tool[4]:zhuangpei 　Base[4]:zhuangpei 30 LIN ZP14 Vel=0.05 m/s CPDAT17 Tool[4]:zhuangpei 　Base[4]:zhuangpei 31 OUT 3 '' State=FALSE 32 LIN ZP13 Vel=0.1 m/s CPDAT18 Tool[4]:zhuangpei 　Base[4]:zhuangpei 33 LIN ZP15 Vel=0.1 m/s CPDAT19 Tool[4]:zhuangpei 　Base[4]:zhuangpei 34 LIN ZP16 Vel=0.05 m/s CPDAT20 Tool[4]:zhuangpei 　Base[4]:zhuangpei 35 OUT 3 '' State=TRUE 36 WAIT Time=1 sec 37 LIN ZP15 Vel=0.1 m/s CPDAT21 Tool[4]:zhuangpei 　Base[4]:zhuangpei 38 SPTP HOME Vel=100 % DEFAULT 39

(续)

操作步骤及说明	示　意　图
31）用同样的方法示教 ZP17、ZP18 点，根据现场工艺需求修改参数	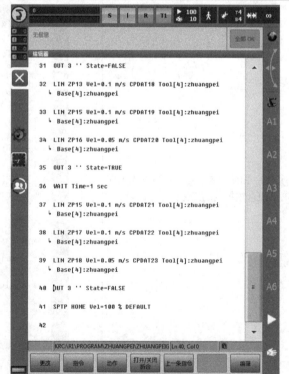
32）添加 OUT 指令：将输出端编号改为 3，输出接通状态 State 设置为 FALSE，取消 CONT	

（续）

操作步骤及说明	示 意 图
33）写入等待时间：添加等待指令，输入等待时间为 1s	
34）添加 LIN 指令：使工业机器人返回至 ZP17 点，根据现场工艺需求修改参数，完成装配工件子程序编写	

（5）装配主程序编写　装配主程序编写过程见表 4-9。

表 4-9　装配主程序编写过程

装配主程序编写

操作步骤及说明	示　意　图
1）选择创建装配主程序模块位置：在专家模式下单击【R1】，选择【R1】文件夹下【Program】文件夹中的【zhuangpei】文件夹	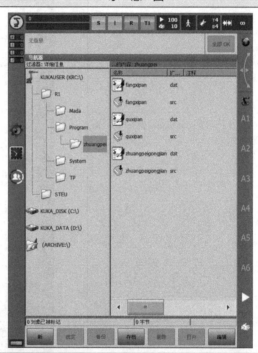
2）创建装配主程序模块：在【zhuangpei】程序文件夹中，新建一个名称为 zhuangpei 的程序模块	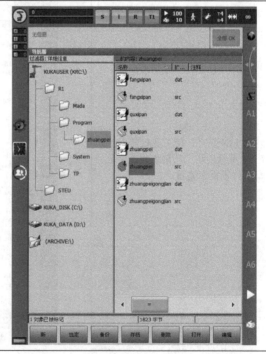

（续）

操作步骤及说明	示 意 图
3）打开创建的程序模块 zhuangpei，进入程序编辑界面	
4）添加子程序：单击示教器上 🖉 图标，打开键盘输入要调用的子程序 quxipan()、zhuangpeigongjian() 和 fangxipan()，完成子程序调用	

4. 装配程序调试与运行

（1）程序调试的目的　程序调试主要用来检查程序的位置点是否正确，程序的逻辑控制是否完善，子程序的输入参数是否合理。

（2）调试程序

1）加载程序：编程完成后，保存的程序必须加载到内存中才能运行，在示教器界面选择【zhuangpei】程序模块，单击示教器下方【选定】，如图4-12所示，完成程序的加载，如图4-13所示。

调试程序（装配）

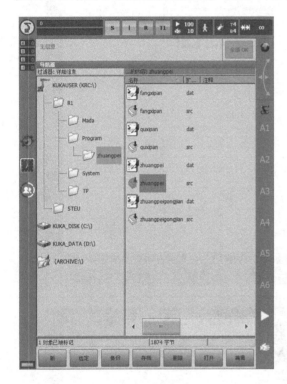

图4-12　选定程序

图4-13　程序加载

2）试运行程序：程序加载后，程序执行的蓝色指示箭头位于初始行。按下示教器背面的确认开关，同时按住示教器正面左侧程序启动键▶或示教器背面的绿色程序启动键，状态栏运行键【R】和程序内部运行状态文字说明为绿色，如图4-14所示，则表示程序开始试运行，蓝色指示箭头开始依次下移。

绿色

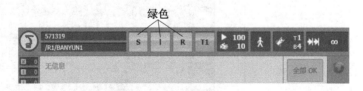

图4-14　程序开始运行

当蓝色指示箭头移至第4行SPTP命令行时，如图4-15所示，弹出BCO提示信息，单击【OK】或【全部OK】，再次按住示教器正面左侧的程序启动键▶或示教器背面的绿色程序启动键，程序开始向下顺序执行。

3）自动运行程序：经过试运行确保程序无误后，方可进行自动运行程序。自动运行程序操作步骤如下：

① 加载程序。

② 手动操作程序直至程序提示 BCO 信息。

③ 利用连接管理器切换运行方式。转动运动方式选择开关到"锁紧"位置，弹出运行方式，选择【AUT】方式，再将连接管理器转动到"开锁"位置，此时示教器顶端的状态显示编辑栏【T1】改为【AUT】。

④ 为安全起见，降低工业机器人自动运行速度，在第一次运行程序时，建议将程序调节量设定为10%。

⑤ 单击示教器左侧程序启动键，程序自动运行，工业机器人自动完成装配任务。

图4-15 BCO提示信息

评价反馈

基本素养（30分）				
序　号	评　估　内　容	自　评	互　评	师　评
1	纪律（无迟到、早退、旷课）（10分）			
2	安全规范操作（10分）			
3	团结协作能力、沟通能力（10分）			
理论知识（30分）				
序　号	评　估　内　容	自　评	互　评	师　评
1	等待功能指令的应用特点（10分）			
2	子程序的使用特点（5分）			
3	全局子程序和局部子程序的使用区别（5分）			
4	装配机器人的工作流程分析（5分）			
5	装配机器人在行业中的应用（5分）			
技能操作（40分）				
序　号	评　估　内　容	自　评	互　评	师　评
1	装配轨迹规划（10分）			
2	程序示教编写（10分）			
3	程序校验、试运行（10分）			
4	程序自动运行（10分）			
综合评价				

✎ 练习与思考

一、填空题

1. WAIT 等待功能指令设置的等待时间单位是_____。

2. WAIT FOR 指令最多可将_____个信号进行逻辑连接。

3. 常用的逻辑连接运算符有_____、_____、_____、_____。

二、简答题

1. WAIT 指令和 WAIT FOR 指令的区别？

2. 子程序使用的好处有哪些？

3. 局部子程序的使用特点？

三、编程题

完成工业机器人编程，使按照图 4-16 所示的顺序进行装配。

图 4-16　编程题图

项目五　涂胶机器人工作站编程调试

学习目标

- 能使用脉冲指令进行编程调试。
- 能使用轨迹切换指令进行编程调试。
- 能使用示教器编制涂胶应用程序。

工作任务

一、工作任务的背景

在产品制造过程中，涂胶工序起着很重要的作用，因此保证涂胶质量就显得非常重要。目前，国内外很多企业仍旧采用手工涂胶的方式，这种方式易产生涂胶不均匀、胶浪费严重的现象，并产生大量气泡，严重影响涂胶质量；操作者的水平对手工涂胶方式影响很大，且产品一致性很难保证，而涂胶的好坏直接影响密封的质量；从而决定产品的质量。随着机器人技术的发展，涂胶机器人工作站将会逐渐代替人工涂胶。图5-1所示为涂胶机器人工作站。采用工业机器人涂胶，使得涂胶过程更加智能化，也便于实现生产线联网控制。

图5-1　涂胶机器人工作站

二、所需要的设备

涂胶机器人工作站涉及的主要设备包括：KUKA-KR3型工业机器人本体、工业机器人控制柜、示教器、气泵、吸盘工具、快换工具、涂胶装配扩展模块和涂胶模块等，如图5-2所示。

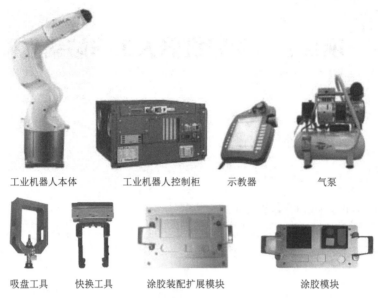

工业机器人本体　　工业机器人控制柜　　示教器　　气泵

吸盘工具　　快换工具　　涂胶装配扩展模块　　涂胶模块

图 5-2　涂胶工作站所需设备

三、任务描述

本任务以涂胶装配扩展模块的涂胶为典型案例，通过编程实现自动将吸盘工具安装到工业机器人的快换工具上。编程实现工业机器人从工作原点开始，按照给定的涂胶任务，涂胶顺序按照涂胶示教目标点数字的顺序进行涂胶操作。在涂胶过程中，涂胶工具垂直于涂胶工作面，涂胶工具末端位于胶槽正上方，与胶槽边缘上表面处于同一水平面，且不能触碰胶槽边缘。完成涂胶操作后工业机器人返回工作原点。涂胶工作任务如图 5-3 所示。

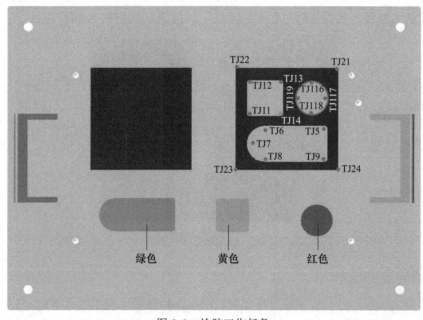

图 5-3　涂胶工作任务

实践操作

一、知识储备

1. 脉冲输出指令

脉冲输出指令（PULSE）用于设定一个脉冲，如图5-4所示。在此过程中，输出端在特定时间内被设置为定义的电平，此后输出端由系统自动复位。输出端的设定和复位不取决于之前的输出端电平。

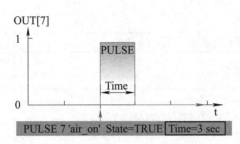

图 5-4　脉冲输出指令（PULSE）

脉冲输出指令（PULSE）指令行格式如图5-5所示。

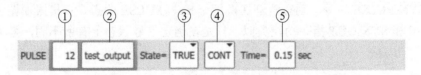

图 5-5　脉冲输出指令（PULSE）指令行格式

在图5-5所示的脉冲输出指令（PULSE）指令行中各参数说明见表5-1。

表 5-1　脉冲输出指令（PULSE）指令行各参数说明

序　号	说　明
①	输出端信号：1～4096
②	文本信息，如果输出端已有名称则会显示出来
③	输出端信号状态：TRUE是"高"电平；FALSE是"低"电平
④	CONT：在预进过程中进行轨迹路径逼近 [空白]：无轨迹路径逼近
⑤	脉冲时间：0.1～3s

2. 轨迹切换指令

轨迹切换指令以运动的起始点或目标点为基准触发轨迹切换动作，切换过程无须中断工业机器人运动，切换动作的时间可推移。

轨迹切换指令支持的运动控制方式包括 PTP、LIN、CIRC。轨迹切换指令可分为"静态"（SNY OUT）和"动态"（SYN PULSE）两种。两者切换的信号相同，只是切换方式不同。

（1）SYN OUT 指令　静态轨迹切换指令 SYN OUT 的指令行格式如图 5-6 所示，各项参数说明见表 5-2。

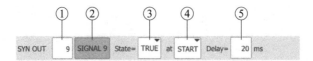

图 5-6　静态轨迹切换指令 SYN OUT 的指令行格式

表 5-2　静态轨迹切换指令 SYN OUT 的指令行各项参数说明

序　号	说　明	数 值 范 围
①	输出端信号	1 ～ 4096
②	如果输出端信号已有名称，则会显示出来	可自由选择
③	输出端信号的状态	TRUE：高电平"1" FALSE：低电平"0"
④	切换位置点 START（起始点）：以运动指令的起始点为基准 END（终止点）：以运动指令的目标点为基准 PATH：以运动指令的目标点为参考	PATH：-2000 ～ 2000m
⑤	切换动作的时间延时 切换点的位置将随工业机器人的运动速度而变化	-1000 ～ 1000ms

（2）SYN PULSE 指令　动态轨迹切换指令 SYN PULSE 的指令行格式如图 5-7 所示。SYN PULSE 和 SYN OUT 指令功能类似，只是在确定信号状态上有所不同，各项参数说明参照表 5-2。

图 5-7　动态轨迹切换指令 SYN PULSE 的指令行格式

（3）SYN OUT 指令中的 PATH 选项　当在 SYN OUT 指令中选择了 PATH 选项时，控制方式仅限于 LIN 和 CIRC 运动指令，不适用于 PTP 运动指令。输入信息如图 5-8 所示，各项参数说明参照表 5-2。

图 5-8　SYN OUT 指令选择 PATH 参数的指令行格式

（4）SYN PULSE 指令中的 PATH 选项　通过 SYN PULSE 指令可在运动的起始点或目标点触发一个脉冲。脉冲时间或位置均可推移，脉冲输出信号不必准确地在位置点上被触发，可以提前或延后被触发。SYN PULSE 指令的功能与在 SYN OUT 指令中选择 PATH 时的功能类似，只是信号采用脉冲方式输出。

输入信息如图 5-9 所示，各项参数说明参照表 5-2。

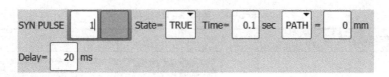

图 5-9　SYN PULSE 指令选择 PATH 参数的指令行格式

二、任务实施

1. 涂胶任务运动轨迹规划

工业机器人通过快换工具自动安装涂胶工具后，使用涂胶工具在涂胶装配模块的各工件装配槽内按设定轨迹进行涂胶作业。运动路径如图 5-3 所示。

2. I/O 配置

KUKA 工业机器人控制系统提供了 I/O 通信接口，具体见表 5-3。

表 5-3　I/O 通信接口

输　入	输　出	功　能　说　明	输　出　状　态	
			TRUE	FALSE
	OUT1	控制快换工具	夹紧	张开
	OUT2	涂胶工具胶枪	打开	关闭
IN1		快换工具张开检测	张开	夹紧
IN2		快换工具夹紧检测	夹紧	张开
IN102		检测涂胶模块是否在多功能扩展模块上	在	不在
IN108		涂胶工具位置上是否有工具	有	没有

3. 示教编程

在图 5-3 所示的涂胶任务中，计划使用 25 个示教点完成涂胶轨迹，其中 home 点为 KUKA-KR3 工业机器人的机械原点，TJ4 位于 TJ5 的正上方，TJ10 位于 TJ11 的正上方，TJ15 位于 TJ16 的正上方，TJ20 位于 TJ21 的正上方，位置布局如图 5-10 所示。

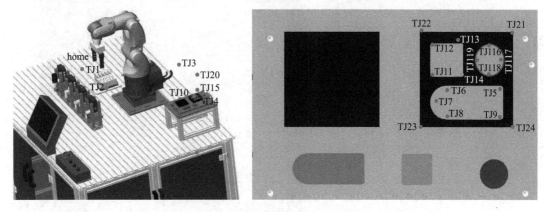

图 5-10　涂胶轨迹示教点位置布局

（1）坐标系创建　创建工具坐标系、基坐标系，具体见表 5-4。

表 5-4　坐标系创建过程

操作步骤及说明	示　意　图
1）新建工具坐标系：用 XYZ 4 点法建立工具坐标系，命名为 tujiao	
2）新建基坐标系：以放置工件所用涂胶装配模块上表面为基准，用 3 点法建立基坐标系，命名为 tujiao	

（2）抓取涂胶工具程序编程　抓取涂胶工具的程序编写过程见表 5-5。

抓取涂胶工具程序编程

表 5–5 抓取涂胶工具程序编程

操作步骤及说明	示 意 图
1）创建 tujiao 程序文件夹：在专家模式下，单击【R1】，选择【R1】文件夹下的【Program】文件夹，单击示教器界面左下角【新】，新建一个名称为 tujiao 的程序文件夹	
2）创建取吸盘工具程序模块：在【tujiao】的程序文件夹中，新建一个名称为 qutujiaogongju 的程序模块	

KUKA工业机器人典型应用案例详解

（续）

操作步骤及说明	示意图
3）打开创建的程序模块 qutujiaogongju，进入程序编辑界面	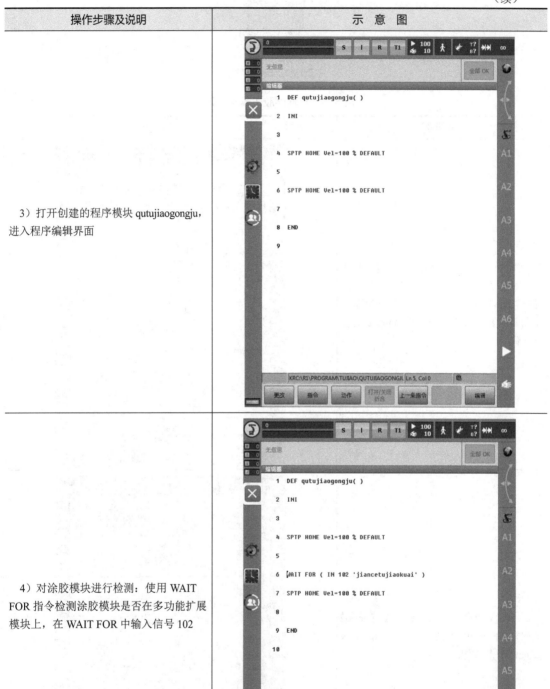
4）对涂胶模块进行检测：使用 WAIT FOR 指令检测涂胶模块是否在多功能扩展模块上，在 WAIT FOR 中输入信号 102	

132

(续)

操作步骤及说明	示　意　图
5）对涂胶工具进行检测：使用 WAIT FOR 指令检测涂胶工具是否在工具库模块中，添加 WAIT FOR 指令，在 WAIT FOR 中输入信号 108	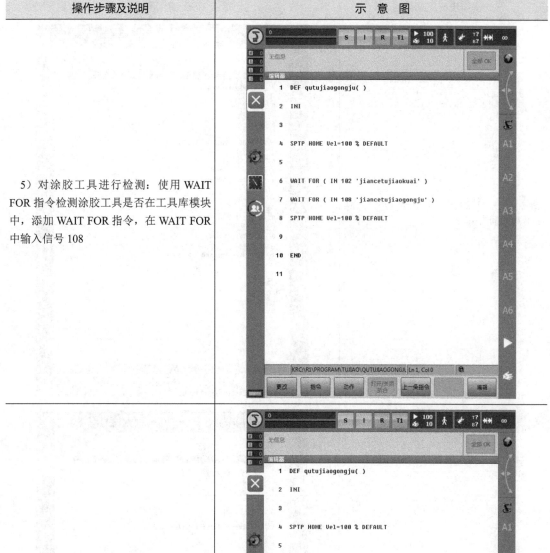
6）快换工具打开：使用逻辑控制指令 OUT 控制快换工具动作。修改输出端编号为 1，输出接通状态 State 的状态为 FALSE，取消 CONT，则快换工具为张开状态	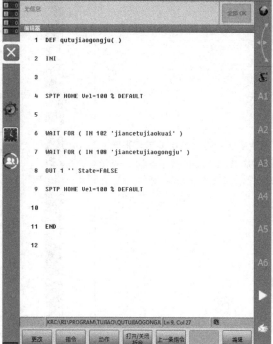

（续）

操作步骤及说明	示 意 图
7）写入等待时间：添加等待指令，输入等待时间为1s	
8）再次确认是否添加快换工具张开的指令：添加WAIT FOR指令，输入变量编号为1	

（续）

操作步骤及说明	示　意　图
9）添加 PTP 指令：使工业机器人运动到 TJ1 点，根据现场工艺需求，完成对此点的参数设置。TJ1 点为涂胶工具位置正上方	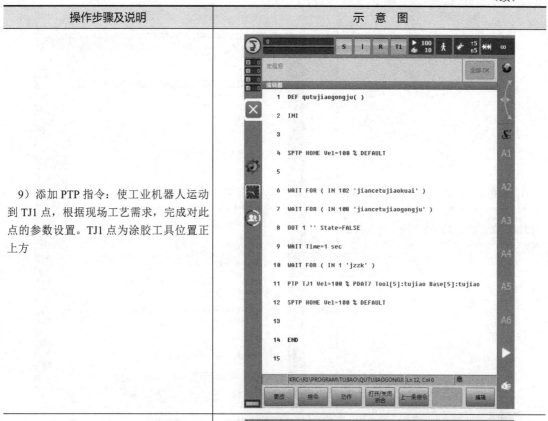
10）添加 LIN 指令：使工业机器人运动到 TJ2 点，根据现场工艺需求，完成对此点的参数设置。TJ2 点为到达取涂胶工具点的位置	

（续）

操作步骤及说明	示　意　图
11）快换工具夹紧：快换工具逻辑控制指令 OUT 输出量为 1，State 的状态改为 TRUE，取消 CONT，则快换工具为夹紧状态	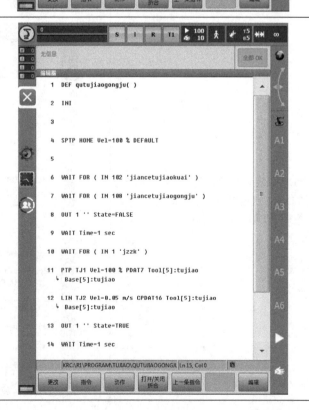
12）写入等待时间：添加等待指令，输入等待时间为 1s	

（续）

操作步骤及说明	示 意 图
13）再次确认快换夹具夹紧：添加 WAIT FOR 指令，输入变量编号为2，检测快换工具夹紧状态	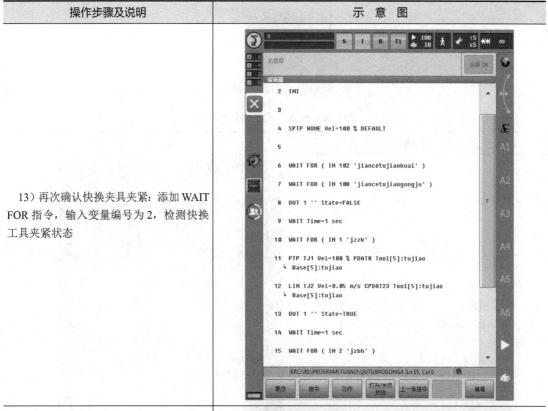
14）添加 LIN 指令：使抓取涂胶工具后按照 TJ2、TJ1 点返回。根据现场工艺需求，完成对此点的参数设置。完成抓取涂胶工具程序模块 qutujiaogongju 的编写	

（3）放置涂胶工具程序编程　放置涂胶工具的程序编写过程见表5-6。

放置涂胶工具程序编程

表5-6　放置涂胶工具程序编程

操作步骤及说明	示　意　图
1）选择创建放置涂胶工具程序模块位置：在专家模式下，单击【R1】，选择【R1】文件夹下的【Program】文件夹中的【tujiao】文件夹	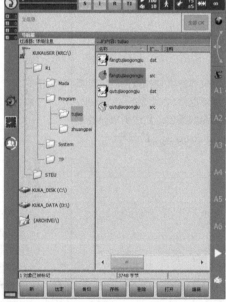
2）创建放置涂胶工具的程序模块：在【tujiao】的程序文件夹中，新建一个名称为fangtujiaogongju的程序模块	

（续）

操作步骤及说明	示 意 图
3）打开创建的程序模块 fangtujiaogongju，进入程序编辑界面	
4）复制 TJ1 点并更换工具坐标、基坐标：创建程序运行的起位置点 HOME 至 TJ1 点的指令。根据现场工艺需求，完成对此点的参数设置	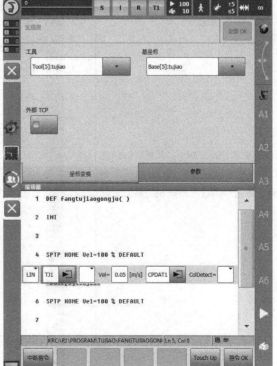

（续）

操作步骤及说明	示 意 图
5）创建由 TJ1 到 TJ2 点的运动指令。根据现场工艺需求，完成对此点的参数设置	
6）快换工具打开：快换工具逻辑控制指令 OUT 输出量编号为 1，State 的状态为 FALSE，取消 CONT，则快换工具为张开状态	

（续）

操作步骤及说明	示 意 图
7）写入等待时间：添加等待指令，输入等待时间为1s	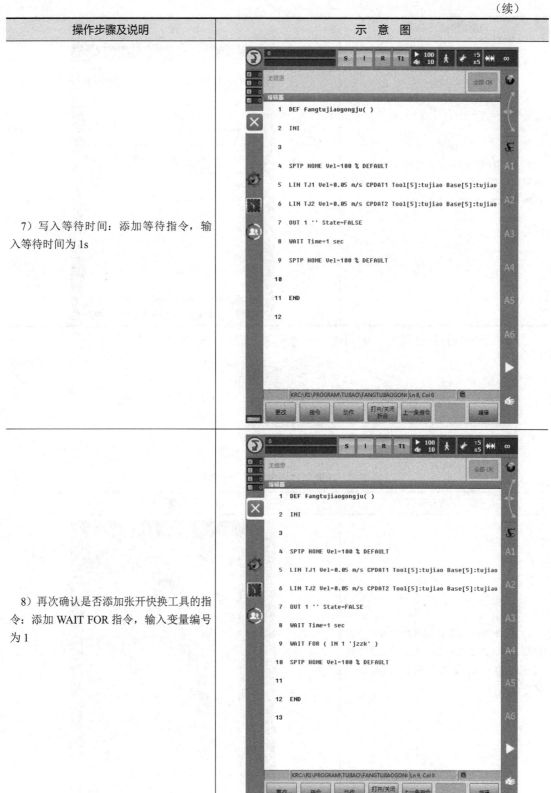
8）再次确认是否添加张开快换工具的指令：添加 WAIT FOR 指令，输入变量编号为1	

（续）

操作步骤及说明	示　意　图
9）添加 LIN 指令：使涂胶工具放置后再返回至 TJ1 点。完成放置涂胶工具程序模块 fangtujiaogongju 的编写	

（4）涂胶轨迹程序编写　编写涂胶轨迹程序过程，见表 5-7。

表 5-7　涂胶轨迹程序编写（示教编程）

操作步骤及说明	示　意　图
1）选择创建涂胶程序模块位置：在专家模式下，单击【R1】，选择【R1】文件夹下的【Program】文件夹中的【tujiao】文件夹	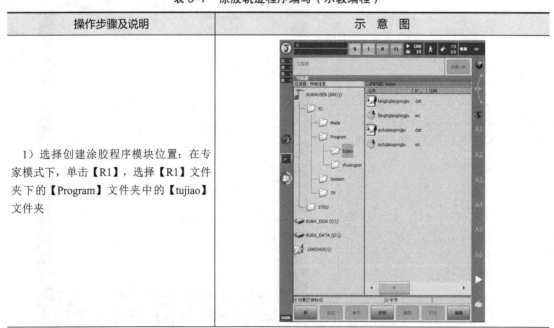

（续）

操作步骤及说明	示　意　图
2）创建涂胶程序模块：在【tujiao】的程序文件夹中新建一个名称为 tujiao 的程序模块	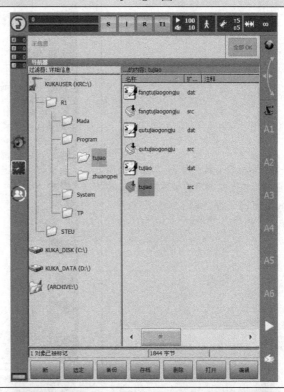
3）打开创建的程序模块 tujiao，进入程序编辑界面	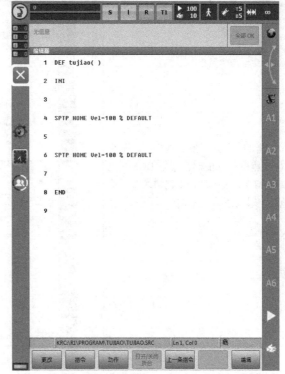

(续)

操作步骤及说明	示 意 图
4）添加取涂胶工具子程序：单击示教器上 ✎图标，输入要调用的子程序 qutujiao-gongju()，完成子程序调用	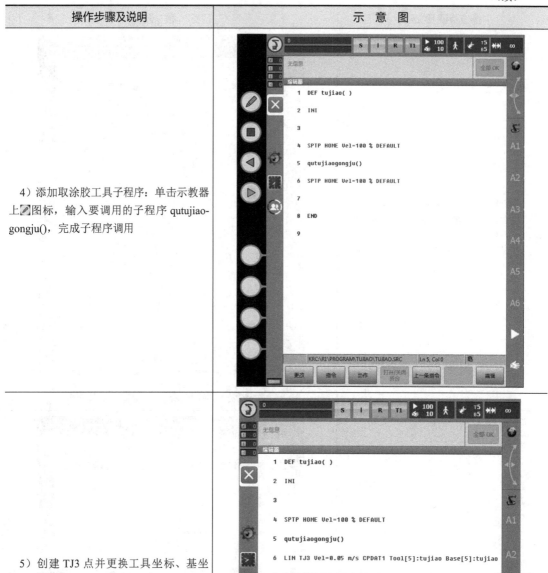
5）创建 TJ3 点并更换工具坐标、基坐标：创建程序运行的起位置点 HOME 至 TJ3 点的指令。根据现场工艺需求，完成对此点的参数设置	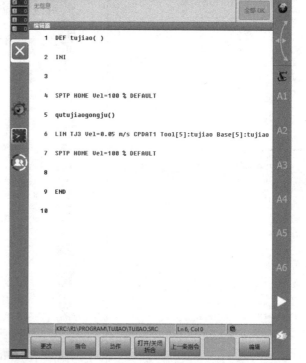

（续）

操作步骤及说明	示　意　图
6）创建运动指令：依次使工业机器人运动到涂胶位置正上方 TJ4 点、涂胶位置起始点 TJ5 点，分别添加运动指令，根据现场工艺需求，完成对此点的参数设置。进行绿色长方体工件放置位置的胶槽涂胶	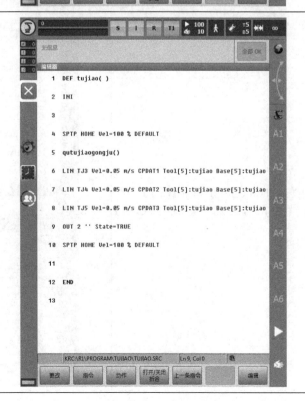
7）添加 OUT 指令：将输出端编号改为 2，输出接通状态 State 改为 TRUE，取消 CONT，开启胶枪进行涂胶	

（续）

操作步骤及说明	示　意　图
8）创建运动指令：使工业机器人运动到 TJ6 点，添加 LIN 指令，修改相应参数	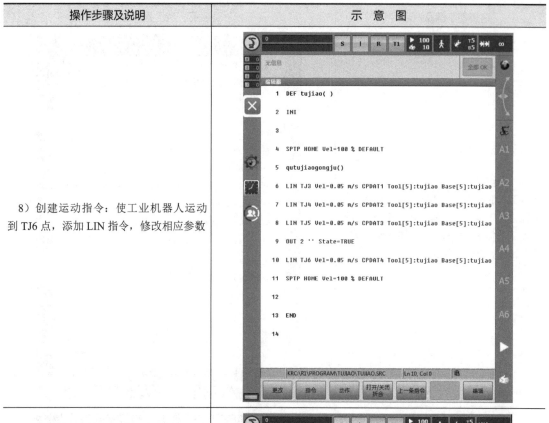
9）添加 CIRC 指令：单击【指令】，在指令栏中单击【运动】，最后单击【CIRC】	

（续）

操作步骤及说明	示 意 图
10）标定 CIRC 指令点：使工业机器人到圆弧中间点定为点 TJ7，圆弧末端端点定为点 TJ8，修改相应参数，最后单击【指令 OK】	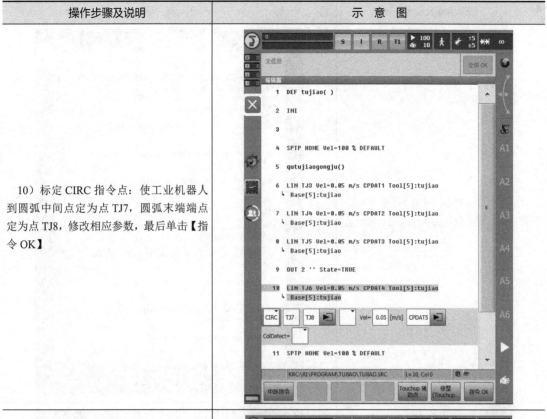
11）添加运动指令：使工业机器人运动到 TJ9 点，添加 LIN 指令，修改相应参数，完成 TJ9 点示教	

（续）

操作步骤及说明	示 意 图
12）添加运动指令：复制 TJ5 点指令行，保留原来位置参数，实现涂胶路径闭合	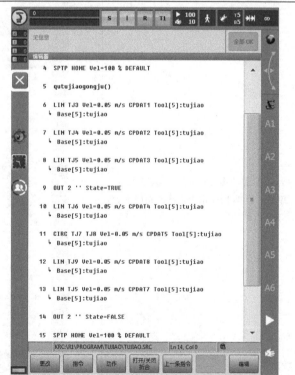
13）添加 OUT 指令：将输出端编号改为 2，输出接通状态 State 改为 FALSE，取消 CONT，关闭胶枪，停止涂胶	

（续）

操作步骤及说明	示　意　图
14）添加运动指令：复制 TJ4 点指令行，保留原来位置参数。工业机器人涂胶完成后返回 TJ4 点，离开长方形涂胶区域	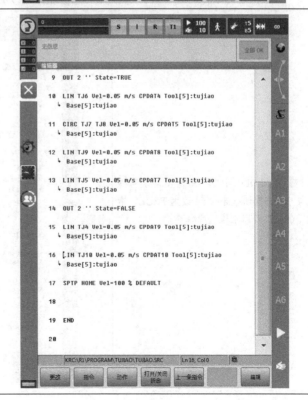
15）添加运动指令：使工业机器人运动到 TJ10 点，添加 LIN 指令，修改相应参数，完成 TJ10 点示教。工业机器人准备开始正方形工件放置位置涂胶	

（续）

操作步骤及说明	示 意 图
16）添加运动指令：使工业机器人运动到TJ11点，添加LIN指令，修改相应参数，完成TJ11点示教。工业机器人到达正方形工件放置位置涂胶点	
17）添加OUT指令：将输出端编号改为2，输出接通状态State改为TRUE，取消CONT，开启胶枪进行涂胶	

（续）

操作步骤及说明	示 意 图
18）创建运动指令：使用 LIN 指令，使工业机器人依次运动到 TJ12 点、TJ13 点、TJ14 点，修改相应参数，完成对应点位的示教	
19）添加运动指令：复制 TJ11 点指令行，保留原来位置参数，实现涂胶路径闭合	

（续）

操作步骤及说明	示　意　图
20）添加 OUT 指令：将输出端编号改为 2，输出接通状态 State 改为 FALSE，取消 CONT。关闭胶枪，停止涂胶	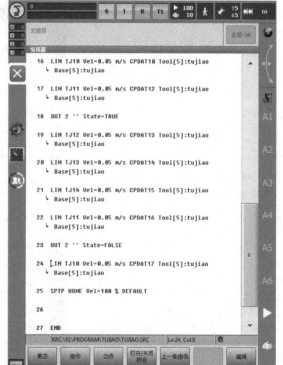
21）添加运动指令：复制 TJ10 点指令行，保留原来位置参数。工业机器人涂胶完成后返回 TJ10 点，离开正方形涂胶区域	

（续）

操作步骤及说明	示　意　图
22）添加运动指令：使工业机器人运动到TJ15点，添加LIN指令，修改相应参数，完成TJ15点示教。工业机器人准备开始圆形工件放置位置涂胶	
23）添加运动指令：使工业机器人运动到TJ16点，添加LIN指令，修改相应参数，完成TJ16点示教。工业机器人到达圆形工件放置位置涂胶点	

（续）

操作步骤及说明	示 意 图
24）添加 OUT 指令：将输出端编号改为 2，输出接通状态 State 改为 TRUE，取消 CONT，开启胶枪进行涂胶	
25）创建运动指令：使用 CIRC 指令，使工业机器人依次运动到 TJ17 点、TJ18 点，修改相应参数，完成半圆弧线轨迹示教	

（续）

操作步骤及说明	示 意 图
26）创建运动指令：使用 CIRC 指令，使工业机器人依次运动到 TJ19 点、TJ16 点，修改相应参数，完成闭合圆弧线轨迹示教	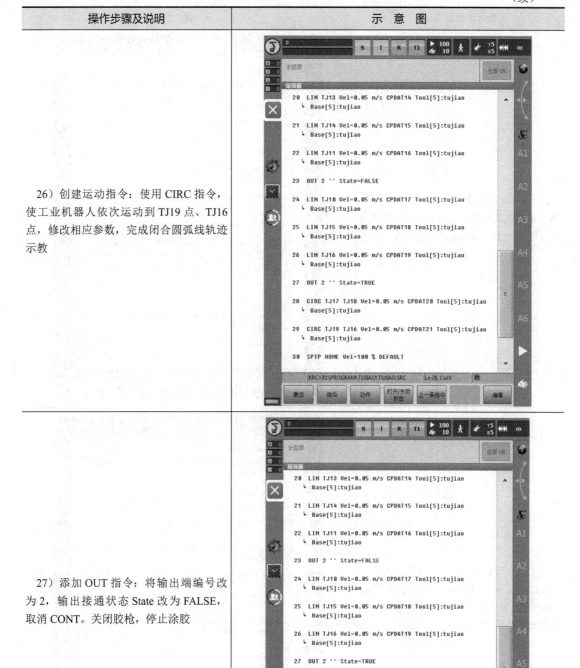
27）添加 OUT 指令：将输出端编号改为 2，输出接通状态 State 改为 FALSE，取消 CONT。关闭胶枪，停止涂胶	

（续）

操作步骤及说明	示　意　图
28）添加运动指令：复制 TJ15 点指令行，保留原来位置参数。工业机器人涂胶完成后返回 TJ15 点，离开圆形涂胶区域	
29）添加运动指令：使工业机器人运动到 TJ20 点，添加 LIN 指令，修改相应参数，完成 TJ20 点示教。工业机器人准备开始端盖放置位置涂胶	

（续）

操作步骤及说明	示 意 图
30）添加运动指令：使工业机器人运动到 TJ21 点，添加 LIN 指令，修改相应参数，完成 TJ21 点示教。工业机器人到达端盖放置位置涂胶点	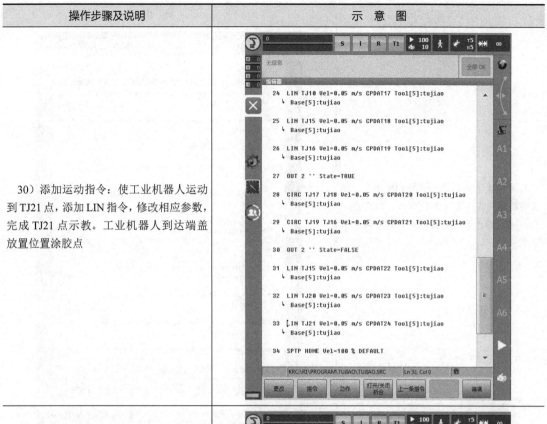
31）添加 OUT 指令：将输出端编号改为 2，输出接通状态 State 改为 TRUE，取消 CONT，开启胶枪，进行涂胶	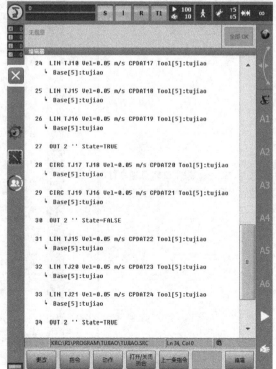

（续）

操作步骤及说明	示　意　图
32）创建运动指令：使用 LIN 指令，使工业机器人依次运动到 TJ22 点、TJ23 点、TJ24 点，修改相应参数，完成对应点位的示教	
33）添加运动指令：复制 TJ21 点指令行，保留原来位置参数，实现涂胶路径闭合	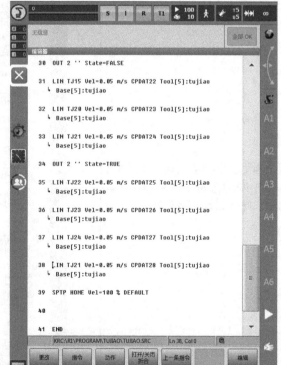

（续）

操作步骤及说明	示　意　图
34）添加 OUT 指令：将输出端编号改为 2，输出接通状态 State 改为 FALSE，取消 CONT，关闭胶枪，停止涂胶	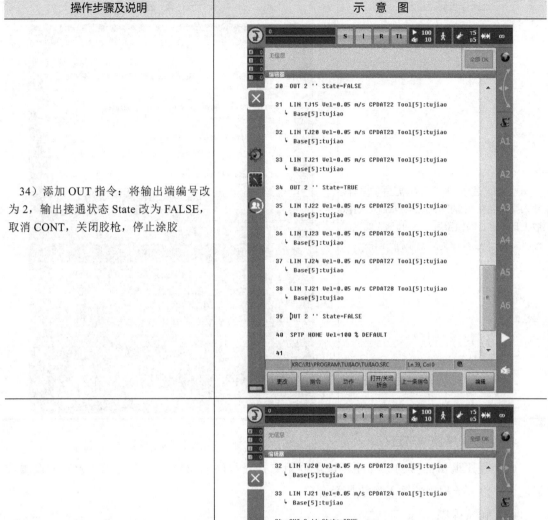
35）添加运动指令：复制 TJ20 点指令行，保留原来位置参数。工业机器人涂胶完成后返回 TJ20 点，离开端盖涂胶区域	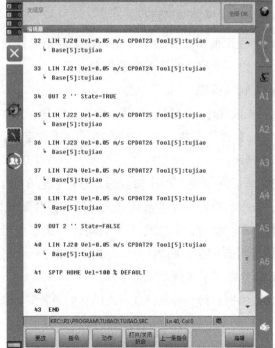

（续）

操作步骤及说明	示　意　图
36）添加子程序：单击示教器上的![图标]图标，输入要调用的子程序 fangtujiaogongju()，将涂胶工具放回工具库模块，工业机器人就完成涂胶模块上的工件放置位置的涂胶工作	

4. 涂胶程序调试与运行

（1）程序调试的目的　程序调试主要用来检查程序的位置点是否正确，程序的逻辑控制是否完善，子程序的输入参数是否合理。

（2）调试程序

1）加载程序：编程完成后，保存的程序必须加载到内存中才能运行，在示教器界面选择【tujiao】程序模块，单击示教器下方【选定】，如图 5-11 所示，完成程序的加载，如图 5-12 所示。

2）试运行程序：程序加载后，程序执行的蓝色指示箭头位于初始行。按下示教器背面的确认开关，同时按住示教器正面左侧程序启动键![▶]或示教器背面的绿色程序启动键，状态栏运行键【R】和程序内部运行状态文字说明为绿色，如图 5-13 所示，则表示程序开始试运行，蓝色指示箭头开始依次下移。

调试程序（涂胶）

当蓝色指示箭头移至第 4 行 SPTP 命令行时，弹出 BCO 提示信息，如图 5-14 所示，单击【OK】或【全部 OK】，再次按住示教器正面左侧的程序启动键![▶]或示教器背面的绿色程序启动键，程序开始向下顺序执行。

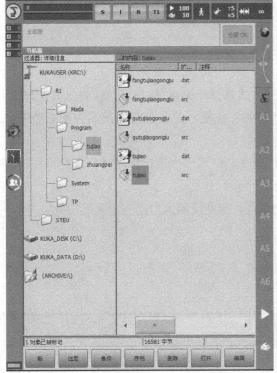

图 5-11 选定程序

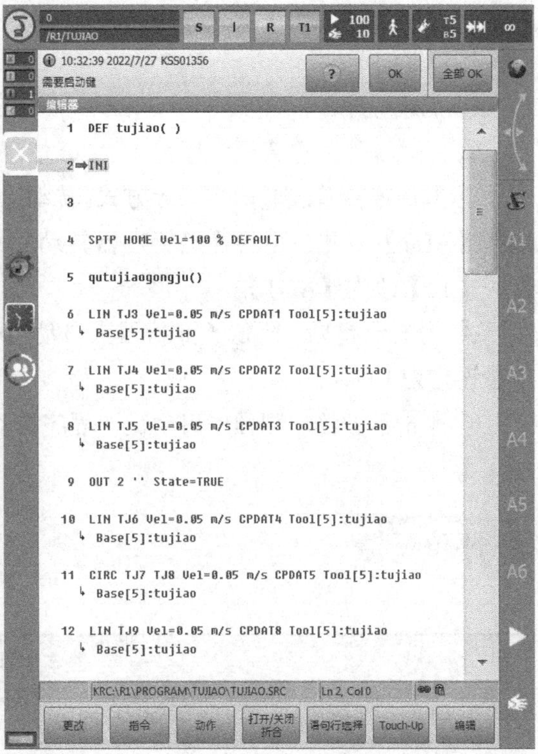

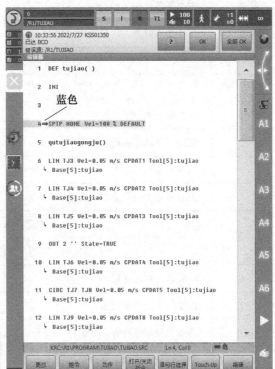

图 5-12 程序加载

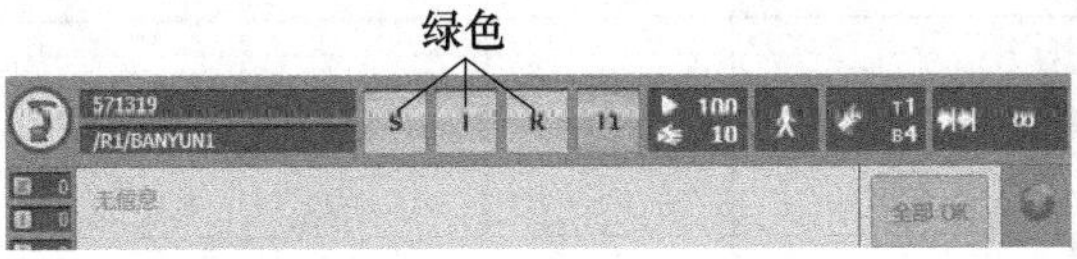

图 5-13 程序开始运行

图 5-14 "BCO"提示信息

3）自动运行程序：经过试运行确保程序无误后，方可进行自动运行程序，自动运行程序操作步骤如下：

① 加载程序。

② 手动操作程序直至程序提示 BCO 信息。

③ 利用连接管理器切换运行方式。转动运动方式选择开关到"锁紧"位置，弹出运行方式，选择【AUT】方式，再将连接管理器转动到"开锁"位置，此时示教器顶端的状态显示编辑栏【T1】改为【AUT】。

④ 为安全起见，降低工业机器人自动运行速度，在第一次运行程序时，建议将程序调节量设定为 10%。

⑤ 单击示教器左侧程序启动键，程序自动运行，工业机器人自动完成装配任务。

评价反馈

基本素养（30分）				
序　号	评 估 内 容	自　评	互　评	师　评
1	纪律（无迟到、早退、旷课）（10分）			
2	安全规范操作（10分）			
3	团结协作能力、沟通能力（10分）			
理论知识（30分）				
序　号	评 估 内 容	自　评	互　评	师　评
1	脉冲指令的应用（10分）			
2	轨迹切换功能编程的特点（5分）			
3	涂胶机器人的工作流程分析（10分）			
4	涂胶机器人在行业中的应用（5分）			
技能操作（40分）				
序　号	评 估 内 容	自　评	互　评	师　评
1	涂胶轨迹规划（10分）			
2	涂胶轨迹程序示教编写（10分）			
3	涂胶轨迹程序校验、试运行（10分）			
4	涂胶轨迹程序调试与自动运行（10分）			
综合评价				

练习与思考

一、填空题

1. 工业机器人脉冲输出指令行格式是_____。
2. 轨迹切换指令支持的运动控制方式包括_____、_____、_____。
3. 控制胶枪打开和关闭的指令是_____。

二、简答题

1. 涂胶运动轨迹的特点是什么？
2. 圆弧涂胶轨迹示教编程时的注意事项有哪些？

三、编程题

示教编程完成图 5-15 所示的涂胶轨迹。要求实现工业机器人自动从工作原点开始运动，按照指定涂胶轨迹，从起点按照 4—3—2—1 的顺序进行涂胶操作，完成涂胶操作后工业机器人返回工作原点。

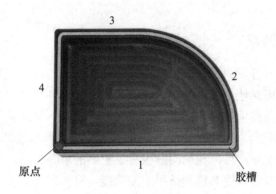

图 5-15　涂胶轨迹

项目六　分拣机器人工作站编程调试

学习目标

○　能够进行视觉识别系统参数的设置和操作。
○　能进行相机拍照的参数设置。
○　能使用示教器编制分拣应用程序。

工作任务

一、工作任务的背景

机器视觉是一门综合性学科，包含光学成像、图像处理、机械工程、控制理论、传感器技术。机器视觉具有高可靠性、高效率和高自动化的特点，并且可以进行非接触式测量。随着人工智能的兴起，机器视觉技术被广泛应用在军事、农业、制造业等多个行业。目标检测是机器视觉的一个重要任务，在工业检测、自动化监测、安防和智能驾驶等领域中广泛应用。伴随着深度学习技术的发展，目标检测问题也有了更好的解决方法，相比于传统的图像处理算法，深度学习方法可以大幅提高检测结果的准确度。将机器视觉的技术成果引入生产制造的物品分拣过程中，大幅提高了分拣过程的自动化水平。图 6-1 所示为机器人视觉分拣系统。

图 6-1　机器人视觉分拣系统

二、所需要的设备

工业机器人分拣工作站涉及的主要设备包括：KUKA-KR3 型工业机器人本体、工业机器人控制柜、示教器、气泵、快换工具、吸盘工具、井式供料模块、变频输送带、视觉识别系统、平面码垛模块和码垛块等，如图 6-2 所示。

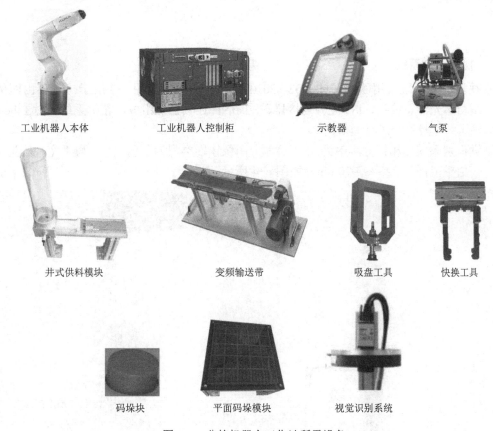

图 6-2　分拣机器人工作站所需设备

三、任务描述

本任务以码垛块颜色识别为典型案例，通过编程实现工业机器人从变频输送带上指定位置抓取码垛块，在工业机器人抓取前对码垛块进行识别分类，再根据识别信息进行分类放置，完成工件识别搬运码放工作任务。

首先，将平面码垛模块安装在工作台指定位置，通过编程实现自动将吸盘工具安装到工业机器人的快换工具上。接下来，等待井式供料模块推料气缸伸出，从料仓内推出码垛块至输送带上，系统检测到推料完成则启动变频输送带，开始传送码垛块至输送带视觉识别系统检测区域，通过相机对码垛块颜色进行识别处理，码垛块继续运行至输送带末端搬运位置后，工业机器人移至抓取位置上方，然后移至抓取位置点，吸盘真空开启，抓取码垛块。工业机器人带着码垛块再次回至抓取位置上方。工业机器人将通过识别后的码垛块按照设定颜色分类进行放置。工业机器人运行至码垛块放置位置上方，再根据分拣要求移至放置位置点，吸盘真空关闭，将码垛块放置到指定分拣放置位置，放置完成后，工业机器人再次移至放置位置上方，一次分拣任务就完成了。根据系统分拣需求，工业机器人可以继续进行分拣搬运码放。任务完成后，将工业机器人移回至设定的原点。

实践操作

一、知识储备

1. 视觉识别系统

本视觉识别系统采用欧姆龙的 FQ2-S20100N 智能相机，如图 6-3 所示，主要由图像处理器、高功率光源、镜头、I/O 电源连接器、EtherNet 连接器等组成。相机系统通过 EtherNet 协议与输送线主控系统进行通信。

视觉识别系统的相机分辨率为 35 万像素，图像识别类型为单色识别，属于宽视野型（远距离），拍摄范围为 220 ～ 970mm，如图 6-4 所示。

图 6-3 视觉识别系统

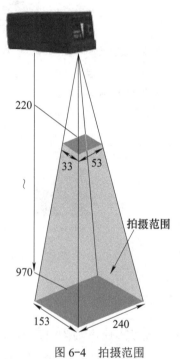

图 6-4 拍摄范围

2. 视觉系统应用特点

该相机系统可集中进行集成电路的各项外观检测。检测前整个托盘的位置偏移可在图像上进行修正，减少为了提高机械定位精度而花费的设计工时。通过检测旋转角度和位置信息实现零件的定位检测功能。在检测位置信息的同时，还可检测加工孔的数量和大小。属于侧视型的广角相机，即使物距很近，也可进行大范围的摄像、检测，尤其适合安装在装置的狭窄空间。从输送带旁边检测产品时，也可适当设置传感器，而不会妨碍生产线的横向通路。配备被工厂的通信系统广泛采用的 EtherNet/IP 通信功能，可以与众多厂家 PLC 的 EtherNet/IP 设备进行简单连接。

3. 相机的参数设置

该视觉识别系统通过 PC 上安装的 TouchFinder for PC 软件进行相机的配置、学习，为进行深入学习而设计，支持建立自制图像数据集，自带图像标注工具。能够解决最具挑战的光学字符识别（OCR），缺陷检查，组装验证应用。

　　进行相机参数设置，首先打开 TouchFinder for PC 相机软件，选择【连接到传感器（在线）】，进入传感器设置界面，对相机进行参数设定。具体操作步骤及说明见表 6-1。

表 6-1　相机参数设置操作步骤及说明

操作步骤及说明	示意图
1）启动相机软件	
2）进入传感器设置界面	
3）调整相机参数	

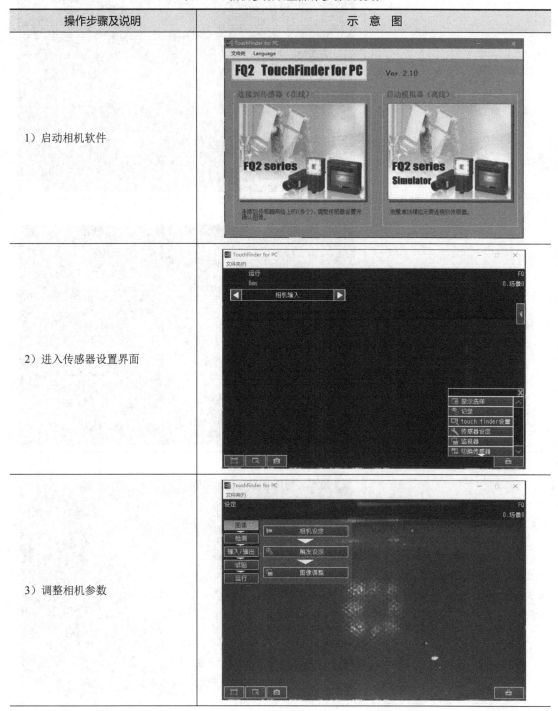

（续）

操作步骤及说明	示 意 图
4）调整相机检测设定	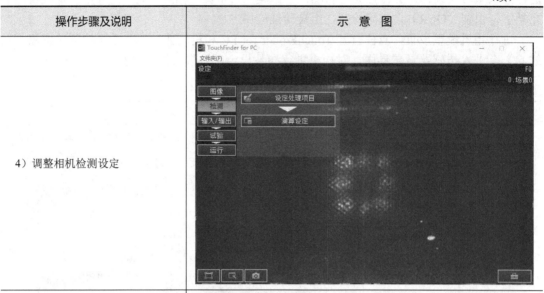
5）设定相机处理项目	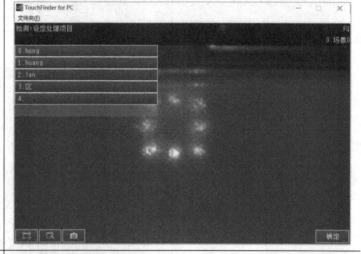
6）分别创建三种颜色和识别区域的项目，随后对红、黄、蓝三种颜色及识别区域进行示教	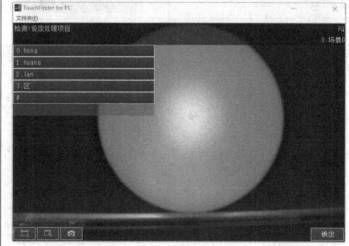

（续）

操作步骤及说明	示　意　图
6）分别创建三种颜色和识别区域的项目，随后对红、黄、蓝三种颜色及识别区域进行示教	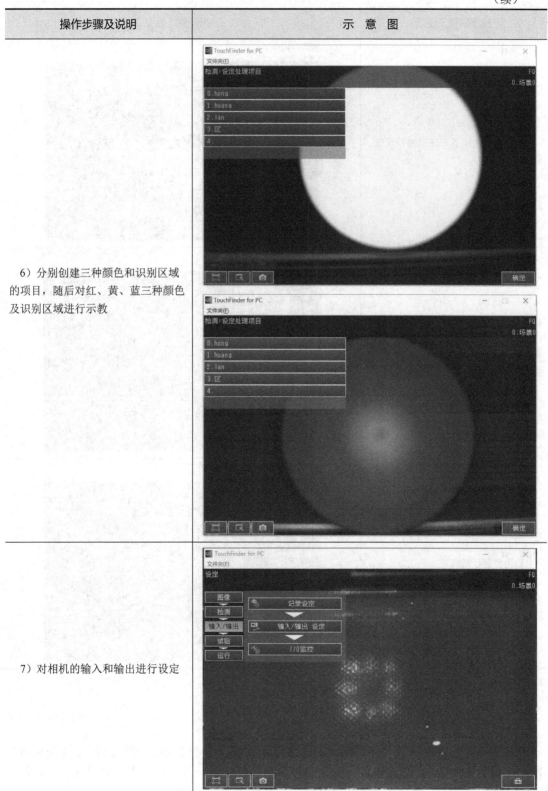
7）对相机的输入和输出进行设定	

（续）

操作步骤及说明	示　意　图
7）对相机的输入和输出进行设定	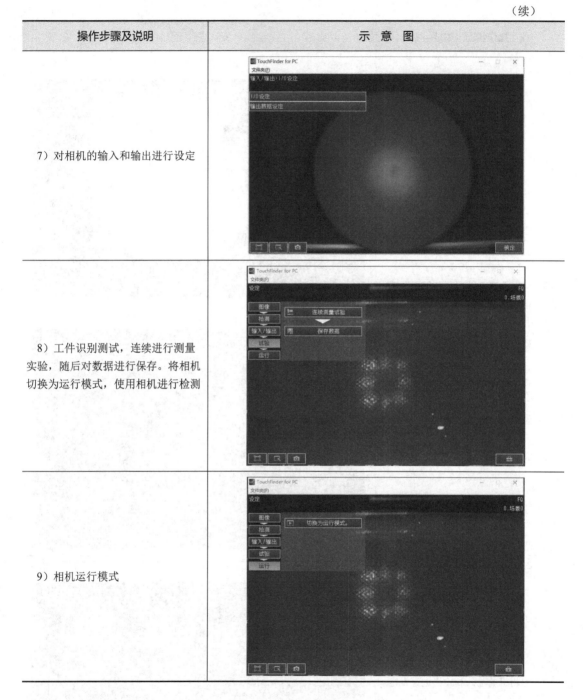
8）工件识别测试，连续进行测量实验，随后对数据进行保存。将相机切换为运行模式，使用相机进行检测	
9）相机运行模式	

二、任务实施

1. 分拣码垛任务运动轨迹规划

工业机器人通过快换工具自动安装吸盘工具后，等待变频输送带输出码垛块到相机检测位置进行颜色信息识别，再运行至输送带末端抓取位置，工业机器人抓取码垛块，根据相机识别信息在平面码垛模块上进行分类码放，具体运动流程如图 6-5 所示。

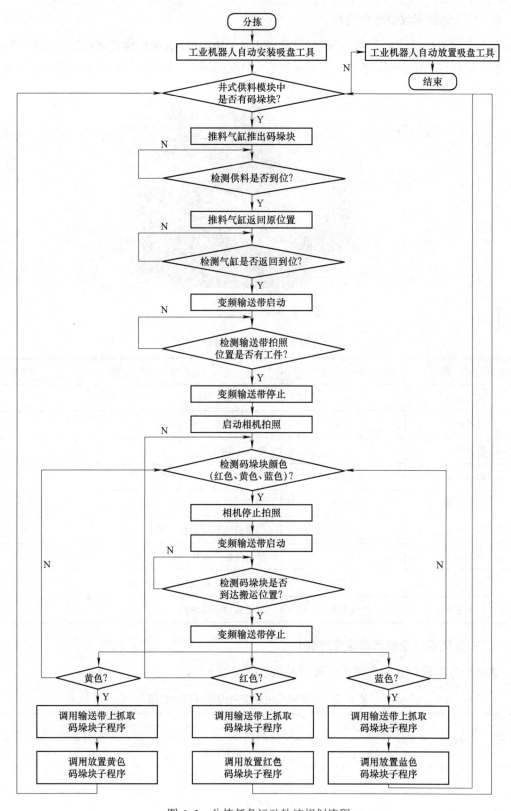

图 6-5 分拣任务运动轨迹规划流程

2. 分拣码放示教位置点规划

本任务通过相机识别不同颜色的圆柱形码进行分类码放,在抓取位置规划2个程序示教点,在码放位置规划6个程序示教点,图6-6所示为分拣码垛运动轨迹,程序点的说明见表6-2。

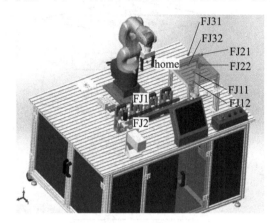

图 6-6　分拣码垛运动轨迹

表 6-2　程序点说明

程　序　点	符　　号	说　　明
程序点 1	home	起始原点
程序点 2	FJ1	抓取码垛块位置点上方
程序点 3	FJ2	抓取工具位置点
程序点 4	FJ11	放置红色码垛块正上方点
程序点 5	FJ12	放置红色码垛块点
程序点 6	FJ21	放置黄色码垛块正上方点
程序点 7	FJ22	放置黄色码垛块点
程序点 8	FJ31	放置蓝色码垛块正上方点
程序点 9	FJ32	放置蓝色码垛块点

3. 分拣码垛过程使用的程序模块

完成分拣码垛过程需要使用的程序模块说明见表6-3。

表 6-3　分拣码垛过程使用的程序模块说明

序　　号	程序模块名称	功　能　作　用
1	fenjian	完成分拣码垛任务
2	quxipan	完成抓取吸盘工具
3	fangxipan	完成放置吸盘工具

（续）

序　号	程序模块名称	功　能　作　用
4	shusong	变频输送带传输码垛块
5	xqugongjian	从输送带上抓取码垛块
6	fanghong	按相机识别颜色信息码放红色码垛块
7	fanghuang	按相机识别颜色信息码放黄色码垛块
8	fanglan	按相机识别颜色信息码放蓝色码垛块

4. I/O 配置

KUKA 工业机器人控制系统提供了 I/O 通信接口，具体见表 6-4。

表 6-4　I/O 通信接口

输　入	输　出	功　能　说　明	输　出　状　态	
			TRUE	FALSE
	OUT1	控制快换工具	夹紧	张开
	OUT3	控制吸盘工具真空	开启	关闭
	OUT105	变频器输送带启停	停止	启动
	OUT100	推料气缸电磁阀	伸出	缩回
	OUT121	相机拍照	拍照	停止
IN105		推料气缸伸出到位检测	到位	未到位
IN106		推料气缸返回到位检测	到位	未到位
IN112		输送带码垛块到位检测	到位	未到位
IN104		供料模块中是否有码垛块检测	有料	没料
IN113		变频输送带物料拍照传感器检测	检测拍照	未拍照
IN121		相机反馈红色	启动	未启动
IN122		相机反馈黄色	启动	未启动
IN123		相机反馈蓝色	启动	未启动

5. 示教编程

工业机器人按相机识别信息将码垛块按要求搬运至分类码放位置。

（1）坐标系创建　创建工具坐标系、基坐标系，具体过程见表 6-5。

表 6-5 坐标系创建过程

操作步骤及说明	示 意 图
1）新建工具坐标系：用 XYZ 4 点法建立工具坐标系，命名为 fenjian	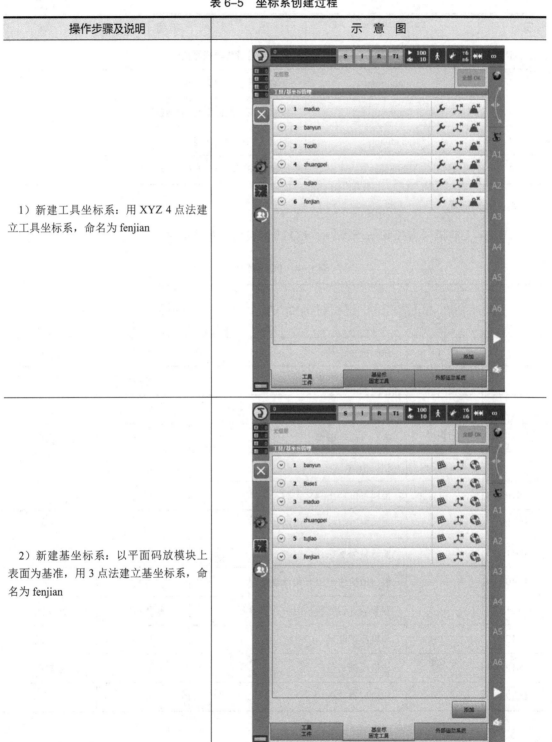
2）新建基坐标系：以平面码放模块上表面为基准，用 3 点法建立基坐标系，命名为 fenjian	

（2）取吸盘工具子程序编写　快换工具抓取吸盘工具子程序 quxipan 使用表 4-6 所示取吸盘工具子程序。

（3）放吸盘工具子程序编写 快换工具放回吸盘工具子程序 fangxipan 使用表 4-7 所示放吸盘工具子程序。

（4）创建分拣码垛过程需要的程序文件和程序模块 分拣码垛过程需要的程序文件和程序模块创建过程见表 6-6。

分拣码垛过程需要的程序文件和程序模块创建过程

表 6-6 分拣码垛过程需要的程序文件和程序模块创建过程

操作步骤及说明	示 意 图
1）创建 fenjian 程序文件夹：在专家模式下，单击【R1】，选择【R1】文件夹下的【Program】文件夹，单击示教界面左下角【新】，新建一个名称为 fenjian 的程序文件夹	
2）创建分拣码垛过程中的程序模块：在【fenjian】的程序文件夹中，新建 "fenjian""shusong""xqugongjian""fanghong""fangh-uang""fanglan"程序模块	

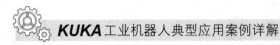

（5）变频输送带输送码垛块子程序编写　变频输送带输送码垛块子程序 shusong 编写过程见表 6-7。

输送码垛块子程序
shusong 示教编程

表 6-7　输送码垛块子程序 shusong 示教编程

操作步骤及说明	示　意　图
1）打开创建的程序模块"shusong"，进入程序编辑界面	
2）检测井式供料模块中是否有码垛块：使用 WAIT FOR 指令检测井式供料模块中是否有码垛块，添加 WAIT FOR 指令，在 WAIT FOR 中输入信号 104	

（续）

操作步骤及说明	示 意 图
3）写入等待时间：添加等待指令，输入等待时间为1s	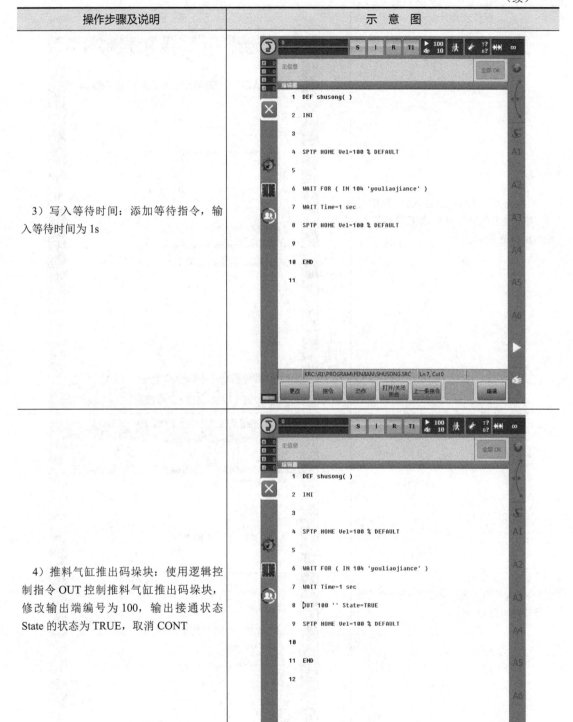
4）推料气缸推出码垛块：使用逻辑控制指令OUT控制推料气缸推出码垛块，修改输出端编号为100，输出接通状态State的状态为TRUE，取消CONT	

（续）

操作步骤及说明	示　意　图
5）检测供料到位：添加 WAIT FOR 指令，输入变量编号为 105，根据信号状态，检测供料是否到位	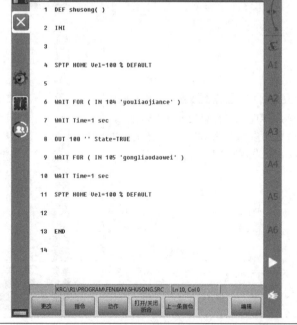
6）写入等待时间：添加等待指令，输入等待时间为 1s	

（续）

操作步骤及说明	示　意　图
7）推料气缸返回原位置：使用逻辑控制指令 OUT 控制推料气缸返回原位置，修改输出端编号为 100，输出接通状态 State 的状态为 FALSE，取消 CONT	
8）写入等待时间：添加等待指令，输入等待时间为 1s	

（续）

操作步骤及说明	示　意　图
9）检测气缸返回到位：使用 WAIT FOR 指令检测气缸返回是否到位，添加 WAIT FOR 指令，在 WAIT FOR 中输入信号 106	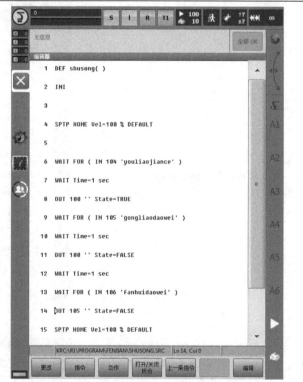
10）变频输送带启动：使用逻辑控制指令 OUT 控制变频输送带启动，修改输出端编号为 105，输出接通状态 State 的状态为 FALSE，取消 CONT	

（续）

操作步骤及说明	示　意　图
11）检测输送带拍照位置是否有工件：使用 WAIT FOR 指令检测码垛块是否到达输送带拍照位置，添加 WAIT FOR 指令，在 WAIT FOR 中输入信号 113	
12）变频输送带停止：修改 OUT 逻辑控制指令的输出端编号为 105，输出接通状态 State 的状态为 TRUE，取消 CONT，输送带停止运动	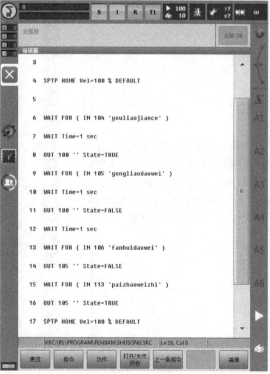

（续）

操作步骤及说明	示　意　图
13）启动相机拍照：使用逻辑控制指令 OUT 启动相机拍照动作，修改输出端编号为 121，输出接通状态 State 的状态为 TRUE，取消 CONT	
14）采集检测码垛块颜色：使用 WAIT FOR 指令采集检测码垛块颜色信息，采用"OR"逻辑运算方式将识别的信息进行判断采集。输入信号"121""122""123"，分别代表"红色""黄色""蓝色"	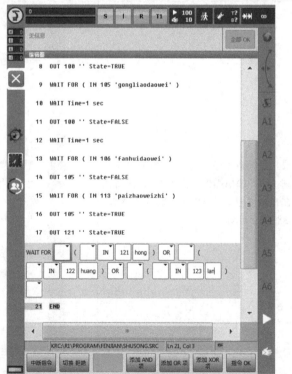

（续）

操作步骤及说明	示　意　图
15）进行码垛块颜色识别判断后进行搬运处理：采用 IF 语句进行码垛块颜色识别判断后进行搬运处理分类。单击 图标，输入 IF 判断语句，例如判断相机检测的码垛块是否为红色，如果是，则执行下面 IF 语句中的内容	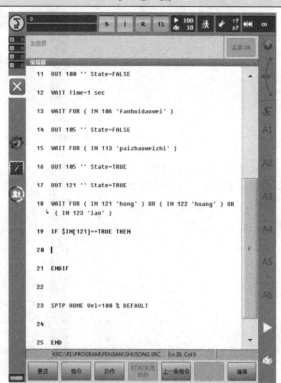
16）进行码垛块颜色识别判断后进行搬运处理：采用 IF 语句进行码垛块颜色识别判断后进行搬运处理分类。单击 图标，输入 IF 判断语句，例如判断相机检测的码垛块是否为红色，如果是，则赋值给全局变量 m 作为记录，否则执行下面 IF 语句中的内容。检测为红色码垛块时，m 值为 1；检测为黄色码垛块时，m 值为 2；检测为蓝色码垛块时，m 值为 3	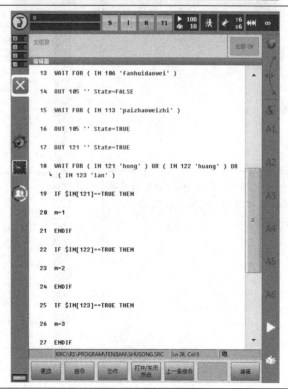

（续）

操作步骤及说明	示　意　图
17）相机停止拍照：当检测到红色码垛块时，输出端编号为 121 的输出接通状态 State 为 FALSE，取消 CONT，则相机停止拍照	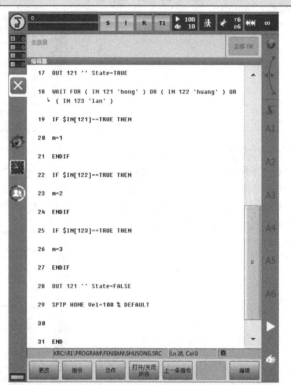
18）变频输送带启动：修改 OUT 逻辑控制指令的输出端编号为 105，输出接通状态 State 的状态为 FALSE，取消 CONT，输送带重新启动	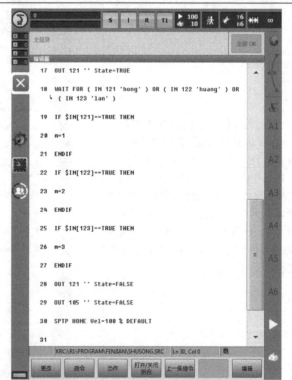

（续）

操作步骤及说明	示　意　图
19）检测码垛块是否到达搬运位置：使用 WAIT FOR 指令检测码垛块是否运行到搬运位置，添加 WAIT FOR 指令，在 WAIT FOR 中输入信号 112	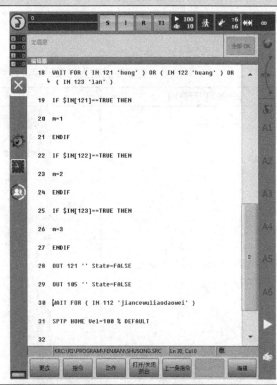
20）变频输送带停止：修改 OUT 逻辑控制指令的输出端编号为 105，输出接通状态 State 的状态为 TRUE，取消 CONT，输送带停止运动，等待码垛块被抓取	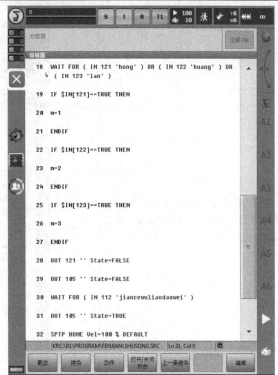

（6）变频输送带上抓取码垛块程序编写 变频输送带上抓取码垛块程序 xqugongjian 编写过程见表 6-8。

变频输送带上抓取码垛块
程序 **xqugongjian** 示教编程

表 6-8 变频输送带上抓取码垛块程序 xqugongjian 示教编程

操作步骤及说明	示 意 图
1）打开创建的程序模块"xqugongjian"，进入程序编辑界面	 ``` 1 DEF fenjian( ) 2 INI 3 4 SPTP HOME Vel=100 % DEFAULT 6 SPTP HOME Vel=100 % DEFAULT 7 8 END 9 ``` KRC:\R1\PROGRAM\FENJIAN\FENJIAN.SRC Ln 3, Col 0
2）添加 PTP 指令：添加 gowait 示教点，修改相应参数。使工业机器人抓取吸盘工具后运动到该点	 ``` 1 DEF xqugongjian( ) 2 INI 3 4 SPTP HOME Vel=100 % DEFAULT 5 PTP gowait Vel=100 % PDAT1 Tool[6]:fenjian Base[6]:fenjian 6 SPTP HOME Vel=100 % DEFAULT 7 END 8 ``` KRC:\R1\PROGRAM\FENJIAN\XQUGONGJIAN.SI Ln 6, Col 0

（续）

操作步骤及说明	示 意 图
3）添加 PTP 指令：添加 FJ1 示教点，修改相应参数，使工业机器人运行至传送带待抓取码垛块位置上方	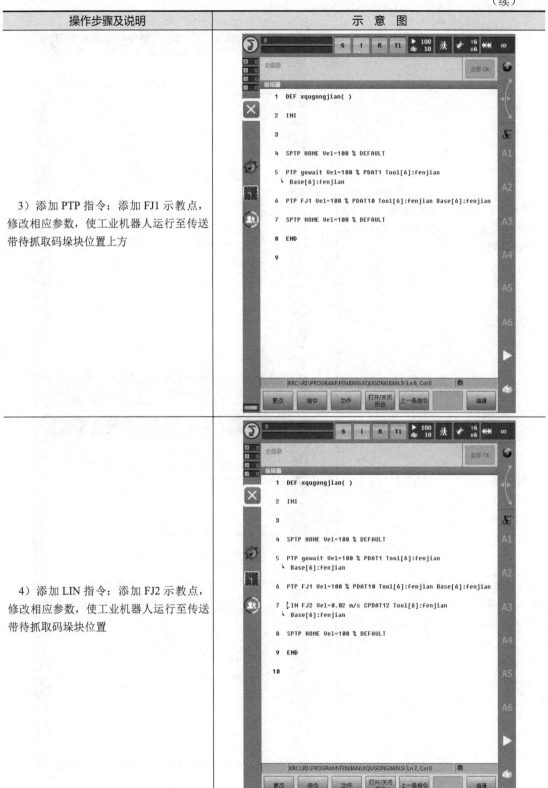
4）添加 LIN 指令：添加 FJ2 示教点，修改相应参数，使工业机器人运行至传送带待抓取码垛块位置	

（续）

操作步骤及说明	示　意　图
5）添加 OUT 指令：修改输出端编号为 3，输出接通状态 State 的状态为 TRUE，取消 CONT。吸盘工具真空开启，工业机器人抓取码垛块	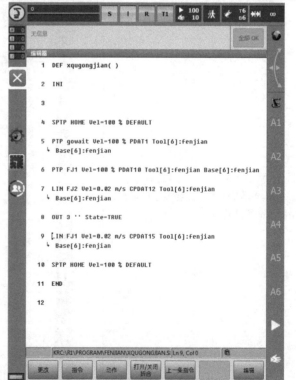
6）添加 LIN 指令：复制 FJ1 示教点信息，使工业机器人再次运行至传送带待抓取码垛块位置上方	

（续）

操作步骤及说明	示　意　图
7）添加 PTP 指令：复制 gowait 示教点信息，使工业机器人抓取码垛块后再次运动到该点，准备进行码放	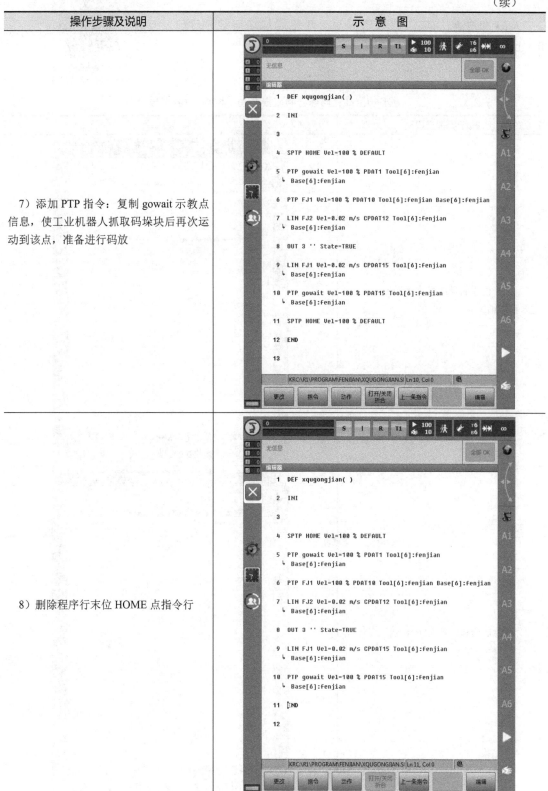
8）删除程序行末位 HOME 点指令行	

（7）红色码垛块码放程序编写 红色码垛块码放程序 fanghong 编写过程见表 6-9。

红色码垛块码放程序 fanghong 示教编程

表 6-9 红色码垛块码放程序 fanghong 示教编程

操作步骤及说明	示　意　图
1）打开创建的程序模块"fanghong"，进入程序编辑界面	
2）删除起始和末位 HOME 点程序行	

（续）

操作步骤及说明	示　意　图
3）添加 PTP 指令：复制 gowait 示教点信息，确保工业机器人抓取码垛块位于该点位置，准备进行码放	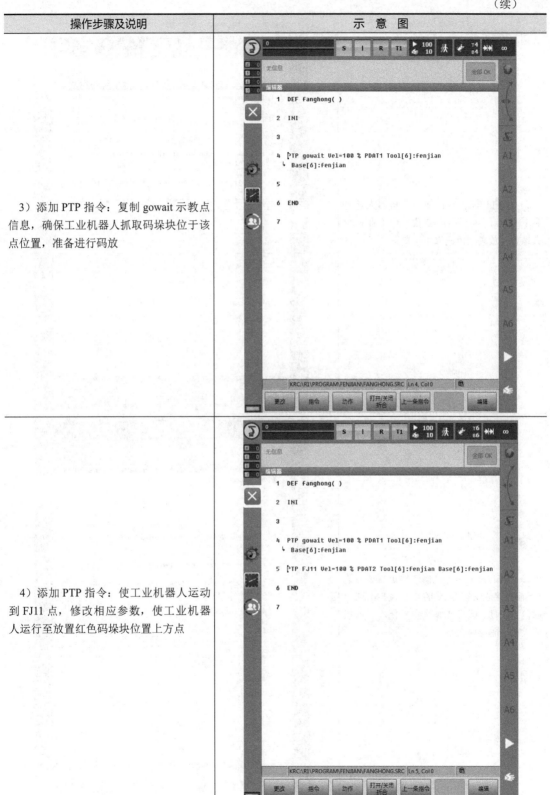
4）添加 PTP 指令：使工业机器人运动到 FJ11 点，修改相应参数，使工业机器人运行至放置红色码垛块位置上方点	

KUKA 工业机器人典型应用案例详解

(续)

操作步骤及说明	示 意 图
5）添加 LIN 指令：使工业机器人运动到 FJ12 点，修改相应参数，使工业机器人运行至放置红色码垛块位置点	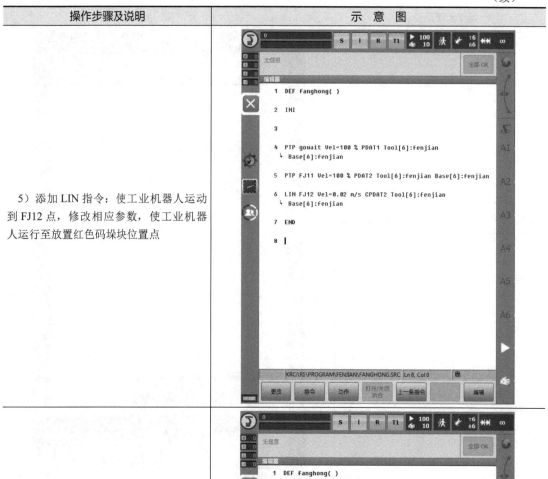
6）添加 OUT 指令：修改输出端编号为 3，输出接通状态 State 的状态为 FALSE，取消 CONT。吸盘工具真空关闭，工业机器人放下码垛块	

（续）

操作步骤及说明	示意图
7）添加 LIN 指令：复制 FJ11 示教点信息，使工业机器人再次运行至放置红色码垛块位置上方点	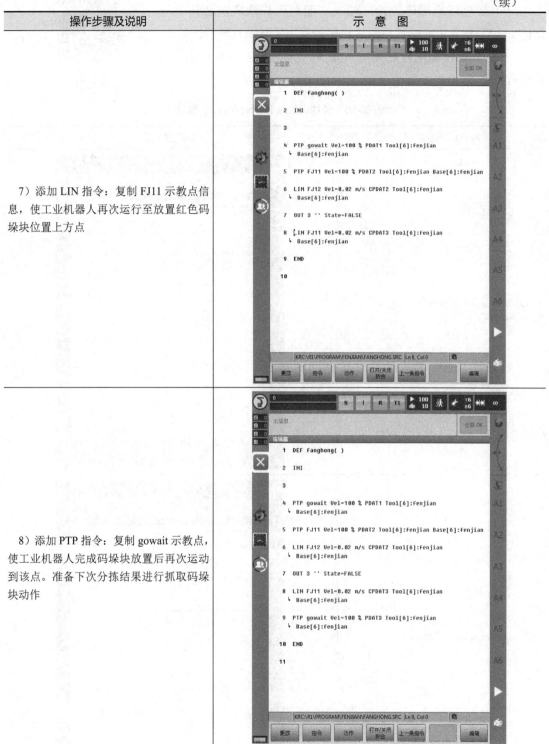
8）添加 PTP 指令：复制 gowait 示教点，使工业机器人完成码垛块放置后再次运动到该点。准备下次分拣结果进行抓取码垛块动作	

（8）黄色码垛块码放程序编写　黄色码垛块码放程序 fanghuang 编写参见表 6-9 红色码垛块码放程序示教编程过程。

（9）蓝色码垛块码放程序编写　蓝色码垛块码放程序 fanglan 编写参见表 6-9 红色码垛块码放程序示教编程过程。

（10）分拣码垛块程序编写　分拣码垛块程序 fenjian 编写过程见表 6-10。

分拣码垛块程序 fenjian
示教编程

表 6-10　分拣码垛块程序 fenjian 示教编程

操作步骤及说明	示　意　图
1）打开创建的程序模块"fenjian"，进入程序编辑界面	
2）添加 quxipan( ) 子程序	

（续）

操作步骤及说明	示 意 图
3）添加 WHILE 条件循环语句，检测供料模块中是否有码垛块	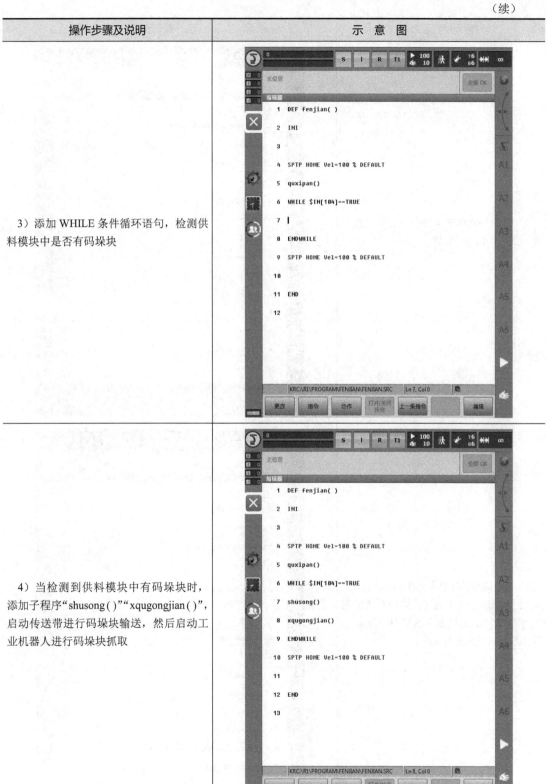
4）当检测到供料模块中有码垛块时，添加子程序"shusong( )""xqugongjian( )"，启动传送带进行码垛块输送，然后启动工业机器人进行码垛块抓取	

（续）

操作步骤及说明	示　意　图
5）添加 SWITCH 多路分支语句，进行不同颜色码垛块的放置	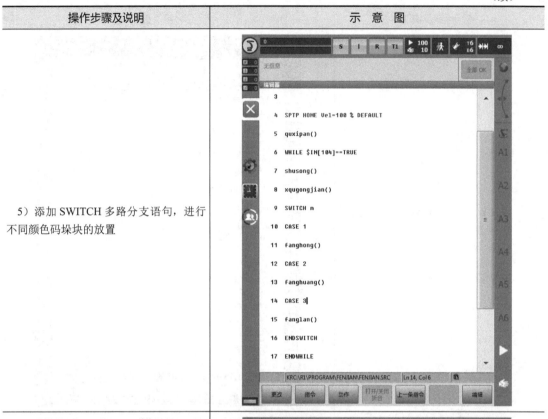
6）当检测到供料模块中没有码垛块时，调用 fangxipan（）子程序，将吸盘工具放回原位置，工业机器人返回 HOME 点，工业机器人分拣任务完成	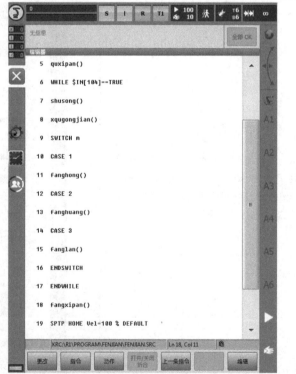

6. 程序调试与运行

（1）程序调试的目的　程序调试主要用来检查程序的位置点是否正确，程序的逻辑控制是否完善，子程序的输入参数是否合理。

（2）调试程序

1）加载程序：编程完成后，保存的程序必须加载到内存中才能运行，在示教器界面选择【fenjain】程序模块，单击示教器下方【选定】，如图6-7所示，完成程序的加载，如图6-8所示。

调试程序（分拣）

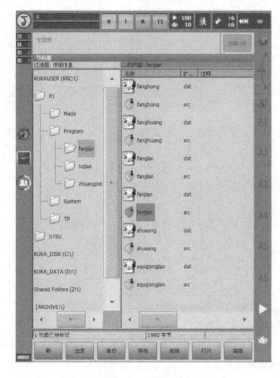

图6-7　选定程序　　　　　　　　　　　　图6-8　程序加载

2）试运行程序：程序加载后，程序执行的蓝色指示箭头位于初始行。按下示教器背面的确认开关，同时按住示教器正面左侧程序启动键▶或示教器背面的绿色程序启动键，状态栏运行键【R】和程序内部运行状态文字说明为绿色，如图6-9所示，则表示程序开始试运行，蓝色指示箭头开始依次下移。

绿色

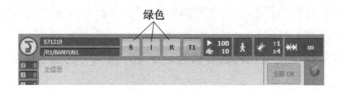

图6-9　程序开始运行

当蓝色指示箭头移至第 4 行 SPTP 命令行时，弹出 BCO 提示信息，如图 6-10 所示，单击【OK】或【全部 OK】，再次按住示教器正面左侧的程序启动键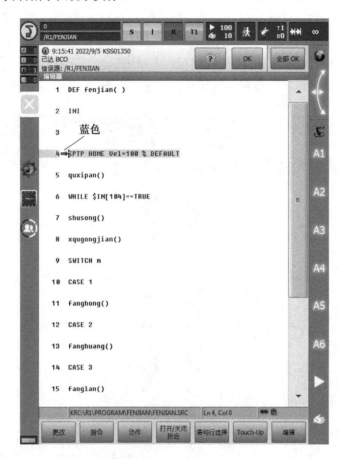或示教器背面的绿色程序启动键，程序开始向下顺序执行。

图 6-10　BCO 提示信息

3）自动运行程序：经过试运行确保程序无误后，方可进行自动运行程序。自动运行程序操作步骤如下：

① 加载程序。

② 手动操作程序直至程序提示 BCO 信息。

③ 利用连接管理器切换运行方式。转动运动方式选择开关到"锁紧"位置，弹出运行方式，选择【AUT】方式，再将连接管理器转动到"开锁"位置，此时示教器顶端的状态显示编辑栏【T1】改为【AUT】。

④ 为安全起见，降低工业机器人自动运行速度，在第一次运行程序时，建议将程序调节量设定为 10%。

⑤ 单击示教器左侧程序启动键，程序自动运行，工业机器人自动完成分拣任务。

评价反馈

基本素养（30分）				
序 号	评 估 内 容	自 评	互 评	师 评
1	纪律（无迟到、早退、旷课）（10分）			
2	安全规范操作（10分）			
3	团结协作能力、沟通能力（10分）			
理论知识（30分）				
序 号	评 估 内 容	自 评	互 评	师 评
1	视觉系统的应用（10分）			
2	相机参数的设置操作（10分）			
3	分拣机器人的工作流程分析（5分）			
4	分拣机器人在行业中的应用（5分）			
技能操作（40分）				
序 号	评 估 内 容	自 评	互 评	师 评
1	分拣轨迹规划（10分）			
2	程序示教编写（10分）			
3	程序校验、试运行（10分）			
4	程序调试与自动运行（10分）			
综合评价				

练习与思考

一、填空题

1. 机器视觉是一门综合性学科，包含_____、_____、_____、_____、_____。

2. 机器视觉具有_____、_____和_____的特点，并且可以进行非接触式测量。

3. 在分拣机器人工作站中，工业机器人的I/O信号的信号参数：1_____、3_____、105_____、121_____。

二、简答题

1. 机器视觉融入分拣机器人工作站中的实际意义？
2. 分拣机器人的工作流程是什么？

三、编程题

请随机将码垛块放入井式供料模块中，设置相机参数，编写分拣程序。

项目七　焊接机器人工作站编程调试

- ○　能进行工业机器人焊接指令参数分析。
- ○　能进行工业机器人焊接路径规划分析。
- ○　能使用示教器编制模拟焊接应用程序。

工作任务

一、工作任务的背景

随着先进制造技术的发展，实现焊接产品制造的自动化、柔性化与智能化已成为必然趋势。目前，采用工业机器人焊接已成为焊接自动化技术现代化的主要标志，越来越多的企业采用焊接机器人来代替传统手工焊接。焊接机器人因其具有焊接质量稳定、通用性强、工作可靠、效率高、大幅减少焊接粉尘和弧光对人体的损害等优点，被广泛应用于汽车、石油管道及工程机械等各个领域中零部件的焊接。随着焊接机器人在现场应用中不断融入传感技术、仿真模拟技术、焊缝识别技术、遥控焊接技术等，使得焊接技术变得越来越完善。图 7-1 所示为焊接机器人。

图 7-1　焊接机器人

二、所需要的设备

焊接机器人工作站涉及的主要设备包括：KUKA-KR3 型工业机器人本体、工业机器人控制柜、示教器、气泵、工件仓储模块、模拟焊接工具、快换工具、焊接工件、变位机模块等，如图 7-2 所示。

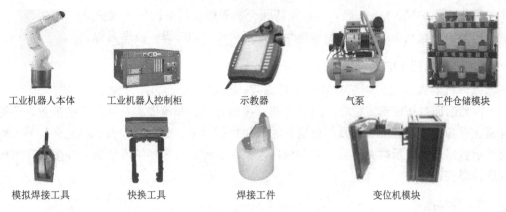

工业机器人本体　　工业机器人控制柜　　　示教器　　　　　气泵　　　　工件仓储模块

模拟焊接工具　　　　快换工具　　　　　焊接工件　　　　　　变位机模块

图 7-2　焊接机器人工作站所需设备

三、任务描述

本任务以模拟焊接机器人工作站的工件焊接为典型案例，通过编程实现自动将焊接工具安装到工业机器人的快换工具上与变位机模块配合进行模拟焊接。首先，将焊接工件安装在工件仓储模块的指定位置，确认变位机模块处在空闲状态且工作台上无夹持工件，模拟焊接工具位于工具库模块中。接下来，利用示教器进行现场操作编程，实现按下焊接系统启动按钮后，工业机器人从工件仓储模块中抓取焊接工件，放置在变位机模块的工作台进行夹紧定位，起动变位机至焊接合适位置，工业机器人从工具库模块中安装焊接工具，开始模拟焊接任务。焊接完成后，将焊接工具放回工具库模块，变位机复位并松开焊接工件，工业机器人将焊接工件运回工件仓库模块指定位置。注意，在任务实施过程中，焊接工具前端始终垂直于模拟焊接模块表面或夹角，完成焊接任务后工业机器人返回工作原点。焊接完成前后样例如图 7-3 所示。

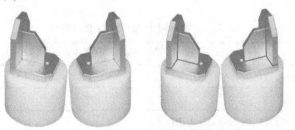

图 7-3　焊接完成前（左图）后（右图）样例

实践操作

一、知识储备

1. 弧焊机器人的工艺方法

弧焊机器人经常应用在电弧焊中，主要包括结构钢和 CTNi 钢的熔化极活性气体保护焊

（二氧化碳保护焊、MAG 焊）、铝及特殊合金的熔化极惰性气体保护焊（MIG 焊）、CrNi 钢和铝的加冷丝及不加冷丝的钨极惰性气体保护焊（TIG 焊）及埋弧焊。

2. 弧焊机器人的操作

弧焊机器人普遍采用示教方式进行编程，通过示教器的操作键引导工业机器人到达起始点，然后通过按键确定位置、运动方式、摆动方式、焊枪姿态及各种焊接参数，还可以确定周边设备的运动速度等。弧焊机器人的操作包括引弧、施焊、熄弧、填充火口等，均可以通过示教器设定。示教完毕后，工业机器人控制系统进入程序编辑状态，焊接程序生成后即可进行焊接。

3. 焊接指令

在工业机器人弧焊过程中，一条焊缝经常由引燃位置、终端焊口位置组成，完成一段焊缝的焊接指令有"ArcOn""ArcOff"，完成几段焊缝的焊接指令有"ArcOn""ArcSwi""ArcOff"。焊缝上的每个运动都必须是一个焊接指令。

（1）焊接指令 ArcOn 焊接指令 ArcOn 如图 7-4 所示，参数包含至引燃位置（＝目标点）的运动以及引燃、焊接、摆动参数，具体说明见表 7-1。引燃位置无法轨迹逼近。电弧引燃并且焊接参数启用后，指令 ArcOn 结束。此处设置的焊接参数也包括焊接速度，在下一个运动前有效。

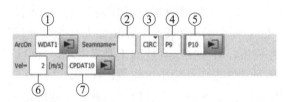

图 7-4 焊接指令 ArcOn

表 7-1 焊接指令 ArcOn 各参数说明

序　　号	说　　明
①	引燃和焊接数据组名称
②	输入焊缝名称
③	选择运动方式：PTP、LIN、CIRC
④	仅针对 CIRC 的辅助点名称
⑤	目标点名称
⑥	运动至引燃位置的运动速度 对于 PTP：0 ～ 100 %； 对于 LIN 或 CIRC：0.001 ～ 2 m/s。 提示：向引燃位置做 LIN 或 CIRC 运动时的单位是 m/s，且无法更改
⑦	运动数据组名称

（2）焊接指令 ArcSwi 指令 ArcSwi 用于将一个焊缝分为多个焊缝段。一条 ArcSwi 指令中包含其中一个焊缝段中的运动、焊接以及摆动参数。焊缝轨迹始终逼近目标点。对最后

一个焊缝段必须使用指令 ArcOff。此处设置的焊接参数也包括焊接速度，在下一个运动前有效。

指令行 ArcSwi 格式如图 7-5 所示，各参数说明见表 7-2。

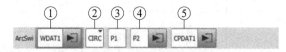

图 7-5　焊接指令 ArcSwi

表 7-2　焊接指令 ArcSwi 各参数说明

序　号	说　　明
①	焊接数据组名称
②	选择运动方式：LIN、CIRC
③	仅针对 CIRC 的辅助点名称
④	目标点名称
⑤	运动数据组名称

（3）焊接指令 ArcOff　焊接指令 ArcOff 如图 7-6 所示，ArcOff 在终端焊口位置（=目标点）结束焊接工艺过程，具体说明见表 7-3。在终端焊口位置填满终端弧坑。终端焊口位置无法轨迹逼近。

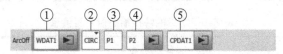

图 7-6　焊接指令 ArcOff

表 7-3　焊接指令 ArcOff 各参数说明

序　号	说　　明
①	终端焊口参数的数据组名称
②	选择运动方式：LIN、CIRC
③	仅针对 CIRC 的辅助点名称
④	目标点名称
⑤	运动数据组名称

4. 常用的焊接输入信号组、输出信号组

焊接机器人可用的外围设备信号取决于焊接控制设备。焊接控制设备在无故障运行时发送的信号也可能是 False。因此，必须为外围设备信号进行赋值。

焊接输入信号组信息，在引燃之前，通过指令 ArcOn 查询信号组的输入端。常见的焊接输入信号组信息见表 7-4。常见的焊接输出信号组信息见表 7-5。

表 7-4 常见的焊接输入信号组信息

输入端信号组	输入端信息	状 态	说 明
电源输入端组	电源就绪	True	在引燃之前，通过指令 ArcOn 查询信号组的输入端。监控电源是否准备就绪
	通信准备就绪	True	
焊接外围设备	电源就绪	True	在引燃之前，通过指令 ArcOn 查询信号组的输入端。监控焊接外围设备是否准备就绪
	气体压力	True	
	冷却	True	
	焊丝剩余量	True	
	碰撞保险装置	True	
运动开始条件	有电流	True	在引燃之后，通过指令 ArcOn 查询信号组的输入端。监控是否已满足所有焊接开始条件
	电源就绪	True	
	气体流动	True	
	冷却	True	
	焊丝剩余量	True	
	焊接过程激活	True	
监控焊接运动	有电流	True	焊接开始之后，连续监控信号组的输入端，直至达到焊缝末端
	主电流	True	
	电源就绪	True	
	气体流动	True	
	焊丝剩余量	True	
	碰撞保险装置	True	
焊缝末端	有电流	False	在终端弧坑填满后，通过指令 ArcOff 查询信号组的输入端。监控是否已满足所有焊接结束条件
	主电流	False	
	焊接过程激活	False	

表 7-5 常见的焊接输出信号组信息

输出端信号组	输出端信息	状 态	说 明
提前送气	气体流动	True	通过指令 ArcOn 启动信号组。在引燃之前，接通气体并且开始提前送气（焊接开始的前提条件）
焊接开始	启动焊接	True	通过指令 ArcOn 启动信号组。如果机器人控制系统识别到电源和焊接外围设备准备就绪，准备焊接
引燃故障	启动焊接	False	如果出现引燃故障，则焊接停止，气体流动中断，引燃故障、焊接的集合故障置位信号输出
	气体流动	False	
	引燃故障	True	
	焊接的集合故障	True	
焊接故障	启动焊接	False	如果出现焊接故障，则焊接停止，气体流动中断，焊缝监控故障、焊接的集合故障置位信号输出
	气体流动	False	
	焊缝监控故障	True	
	焊接的集合故障	True	
故障确认	电源确认	True	必须确认出现引燃故障时发出的故障信息，以便重置故障信号，然后才能重新开始焊接工艺过程
	引燃故障	False	
	焊接的集合故障	False	
	焊缝监控故障	False	
	焊丝回烧故障	False	
焊接结束	启动焊接	False	通过指令 ArcOff 启动信号组

(续)

输出端信号组	输出端信息	状　态	说　　明
滞后断气	气体流动	False	通过指令 ArcOff 启动信号组 在焊接结束后，关断送气并且开始滞后断气时间
在驶离焊缝之前	焊丝回烧故障	False	如果焊接工艺过程已结束，那么必须将所有的故障信号重置
	引燃故障	False	
	焊缝监控故障	False	
	焊接的集合故障	False	

5. 焊接机器人调试流程

1）在示教模式下，以手动的方式完整地运行一次作业程序，确保没有危险的动作存在。

2）开启焊机电源，并调整好保护气体的流量，开始自动焊接。

3）首道焊缝焊完后，应停止运行中的程序，观察焊缝质量，看工艺参数是否合理，如需要，则应对工艺参数进行微调，之后继续焊接。一般经过 2 ～ 3 次的调整，焊缝质量就能达到预期的效果。

4）首件焊件焊完后应进行首检，首检合格后方可进行批量焊接。

5）当出现焊缝焊偏的现象时，首先应检查零件是否安装到位，其次检查工装夹具是否有松动、位移的现象，最后检查导电嘴是否松动或焊枪是否发生碰撞等现象。找出原因后再进行针对性的解决。

6）在焊接过程中，应随时观察保护气体、焊丝的剩余量，如不足应立即停止运行中的工业机器人，进行更换。

7）误启动不同的作业程序，或者工业机器人移动至意想不到的方向，再或者其他第三者无意识地靠近工业机器人的动作范围内等时，应立即按下紧急停止按钮。

二、任务实施

1. 焊接任务运动轨迹规划

工业机器人自动安装模拟焊接工具，在模拟焊接工件上进行模拟焊接作业，各示教点需与模拟焊接工件保持 8 ～ 10mm 的距离，工作站的运动规划如图 7-7 所示，模拟焊接工件上的运动路径如图 7-8 所示，模拟焊接工作台上的运动路径 7-9 所示。模拟焊接工作台上程序点说明见表 7-6。

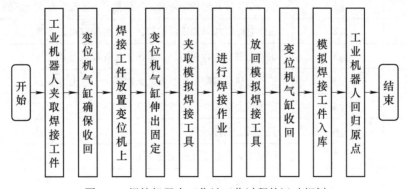

图 7-7　焊接机器人工作站工作过程的运动规划

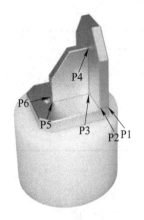 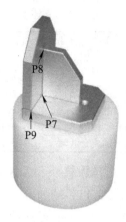

图 7-8　模拟焊接工件上的运动路径

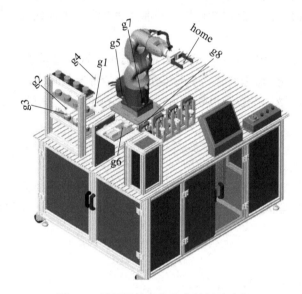

图 7-9　模拟焊接工作台上的运动路径

表 7-6　模拟焊接工作台上程序点说明

程 序 点	符 号	说 明
程序点 1	g1	平行于工件仓储模块焊接工件放置区，工业机器人一侧的点
程序点 2	g2	工件仓储模块焊接工件放置区的工件抓取点正上方
程序点 3	g3	工件仓储模块焊接工件放置区的工件抓取点
程序点 4	g4	工件仓储模块和工业机器人之间的一个较上方点
程序点 5	g5	变位机上方点（g6 正上方点）
程序点 6	g6	变位机上工件放置点
程序点 7	g7	焊接工具上方点（g8 正上方点）
程序点 8	g8	焊接工具安装位置点

2. 模拟焊接过程使用的程序模块

完成模拟焊接过程需要使用的程序模块见表 7-7。

表 7-7 完成模拟焊接过程需要使用的程序模块

序　号	程序模块名称	功　能　作　用
1	hanjie	完成焊接过程任务
2	qgongju	从工具库模块取模拟焊接工具
3	fgongju	放模拟焊接工具至工具库模块
4	qgongjian	完成从工件仓储模块抓取焊接工件至变位机工作台
5	fgongjian	完成从变位机工作台抓取焊接工件至工件仓储模块
6	main	主程序

3. I/O 配置

KUKA 工业机器人控制系统提供了 I/O 通信接口，具体见表 7-8。

表 7-8 I/O 通信接口

输　入	输　出	功　能　说　明	输　出　状　态	
			TRUE	FALSE
	OUT1	控制快换工具	夹紧	张开
	OUT2	焊接模拟	开始	停止
	OUT115	控制变位机向水平位置运动	开始	停止
	OUT119	控制变位机气缸	夹紧	松开
IN1		快换工具张开检测	张开	夹紧
IN2		快换工具夹紧检测	夹紧	张开
IN107		焊接工具库模块中是否有焊接工具	有	没有
IN115		检测变位机水平位置	水平	不水平
IN119		检测变位机气缸是否松开到位	夹紧	松开
IN129		系统启动信号	有	无

4. 示教编程

工业机器人利用快换工具将焊接工件从工件仓储模块抓取放置到变位机模块工作台上进行焊接。图 7-10 所示为焊接工件在变位机模块工作台上的摆放位置。

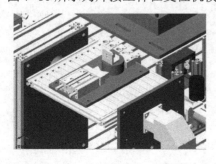

图 7-10　示例程序中的焊接工件摆放位置

（1）坐标系创建　创建工具坐标系、基坐标系，具体见表 7-9。

表 7-9　坐标系创建过程

操作步骤及说明	示　意　图
1）新建工具坐标系：用 XYZ 4 点法建立工具坐标系，命名为 hanjie	
2）新建基坐标系：以放置工件所用平面变位机模块水平位置上表面为基准，用 3 点法建立基坐标系，命名为 hanjie	

（2）创建模拟焊接过程需要的程序文件和程序模块　模拟焊接过程需要的程序文件和程序模块创建过程见表 7-10。

模拟焊接过程需要的程序
文件和程序模块创建过程

表 7-10　模拟焊接过程需要的程序文件和程序模块创建过程

操作步骤及说明	示　意　图
1）创建 hanjie 程序文件夹：在专家模式下，单击【R1】，选择【R1】文件夹下的【Program】文件夹，单击示教界面左下角【新】，新建一个名称为 hanjie 的程序文件夹	
2）创建模拟焊接过程中的程序模块：在【hanjie】程序文件夹中，新建"hanjie""qgongju""fgongju""qgongjian""fgongjian""main"程序模块	

（3）取焊接工具（激光笔）程序模块 qgongju　取焊接工具（激光笔）程序模块 qgongju 的编写过程详见表 7-11。

取焊接工具（激光笔）程序
模块 qgongju 的编写过程

表 7-11　取焊接工具（激光笔）程序模块 qgongju 的编写过程

操作步骤及说明	示　意　图
1）打开创建的程序模块 qgongju，进入程序编辑界面	
2）对焊接工具进行检测：使用 WAIT FOR 指令检测焊接工具是否在工具库模块中，添加 WAIT FOR 指令，在 WAIT FOR 中输入信号 107	

（续）

操作步骤及说明	示 意 图
3）快换工具打开：使用逻辑控制指令 OUT 控制快换工具动作。修改输出端编号为 1，输出接通状态 State 的状态为 FALSE，取消 CONT，则快换工具为张开状态	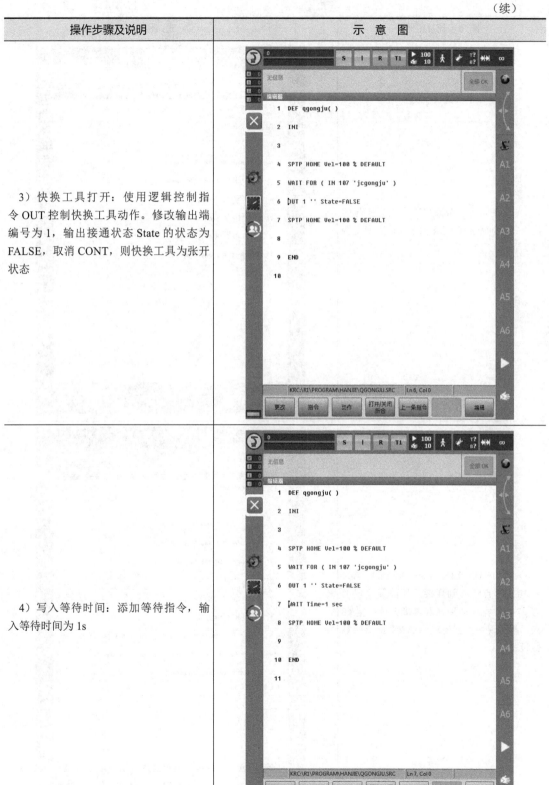
4）写入等待时间：添加等待指令，输入等待时间为 1s	

（续）

操作步骤及说明	示　意　图
5）再次确认是否添加快换工具张开的指令：添加 WAIT FOR 指令，输入变量编号为 1	
6）添加 PTP、LIN 指令：使工业机器人由 HOME 点运动到焊接工具放置位置上方 g7 点，再运动到抓取焊接工具位置 g8 点。根据现场工艺需求，完成对此点的参数设置	

（续）

操作步骤及说明	示意图
7）快换工具夹紧：快换工具逻辑控制指令 OUT 输出量为 1，State 的状态改为 TRUE，取消 CONT，则快换工具为夹紧状态	
8）写入等待时间：添加等待指令，输入等待时间为 1s	

（续）

操作步骤及说明	示　意　图
9）再次确认快换夹具夹紧：添加 WAIT FOR 指令，输入变量编号为2，检测快换工具夹紧状态	
10）添加运动指令：使抓取焊接工具后按照 g8、g7 点返回。根据现场工艺需求，完成对此点的参数设置。完成抓取焊接工具程序模块 qgongju 的编写	

（4）放焊接工具程序模块 fgongju　放焊接工具程序模块 fgongju 的编写过程见表 7-12。

放焊接工具程序模块
fgongju 的编写过程

表 7-12　放焊接工具程序模块 fgongju 的编写过程

操作步骤及说明	示　意　图
1）打开创建的程序模块 fgongju，进入程序编辑界面	
2）复制 g7 点并更换工具坐标系、基坐标：创建程序运行的起位置点 HOME 至 g7 点的指令。根据现场工艺需求，完成对此点的参数设置	

（续）

操作步骤及说明	示 意 图
3）创建运动指令：创建由 g7 点到 g8 点的指令。根据现场工艺需求，完成对此点的参数设置	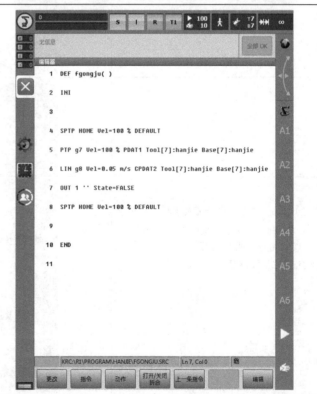
4）快换工具打开：快换工具逻辑控制指令 OUT 输出量编号为 1，State 的状态为 FALSE，取消 CONT，则快换工具为张开状态	

（续）

操作步骤及说明	示　意　图
5）写入等待时间：添加等待指令，输入等待时间为1s	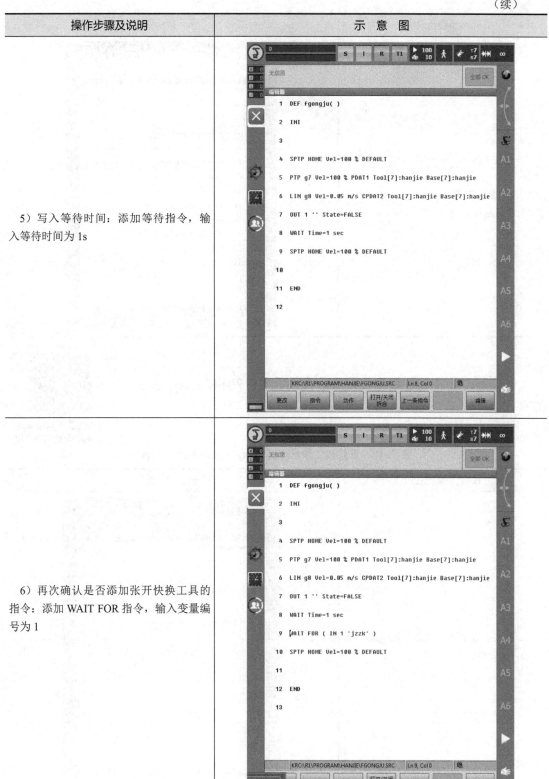
6）再次确认是否添加张开快换工具的指令：添加 WAIT FOR 指令，输入变量编号为1	

（续）

操作步骤及说明	示　意　图
7）添加 LIN 指令：使焊接工具放置后再返回 g7 点。根据现场工艺需求，完成对此点的参数设置。完成放置焊接工具程序模块 fgongju 的编写	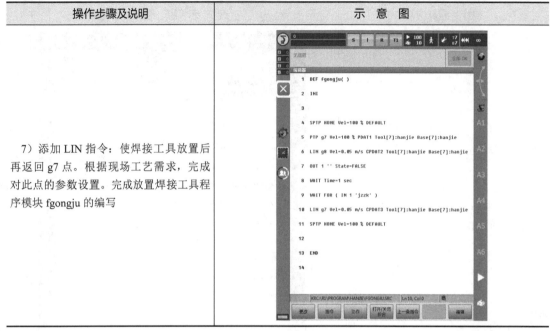

（5）取焊接工件程序模块 qgongjian　取焊接工件程序模块 qgongjian 的编写过程详见表 7-13。

取焊接工件程序模块 qgongjian 的编写过程

表 7-13　取焊接工件程序模块 qgongjian 的编写过程

操作步骤及说明	示　意　图
1）打开创建的程序模块 qgongjian，进入程序编辑界面	

（续）

操作步骤及说明	示　意　图
2）快换工具打开：使用逻辑控制指令 OUT 控制快换工具动作。修改输出端编号为1，输出接通状态 State 的状态为FALSE，取消 CONT，则快换工具为张开状态	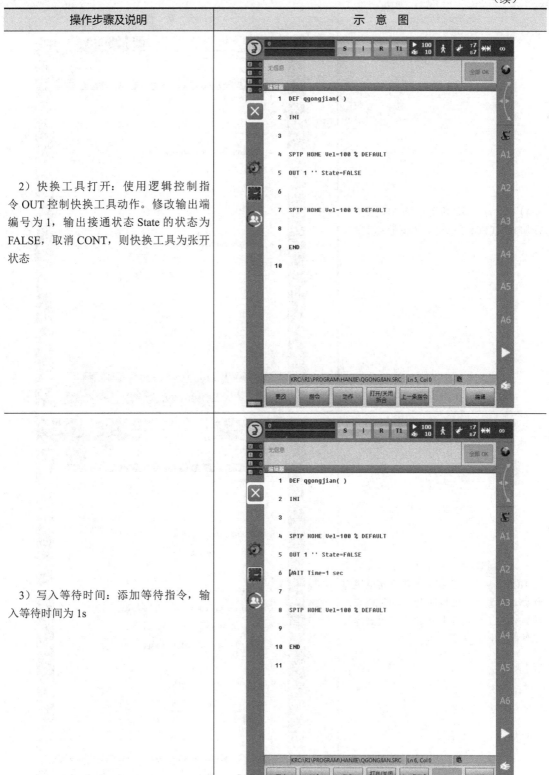
3）写入等待时间：添加等待指令，输入等待时间为 1s	

（续）

操作步骤及说明	示　意　图
4）确认是否添加快换工具张开的指令：添加 WAIT FOR 指令，输入变量编号为1	
5）添加运动指令：使工业机器人依次从 HOME 运动到平行于工件仓储模块焊接模块放置区工业机器人一侧的 g1 点，再到焊接工件垂直上方 g2 点，再到焊接工件抓取位置 g3 点	

（续）

操作步骤及说明	示　意　图
6）快换工具夹紧：快换工具逻辑控制指令 OUT 输出量为 1，State 的状态改为 TRUE，取消 CONT，则快换工具为夹紧状态	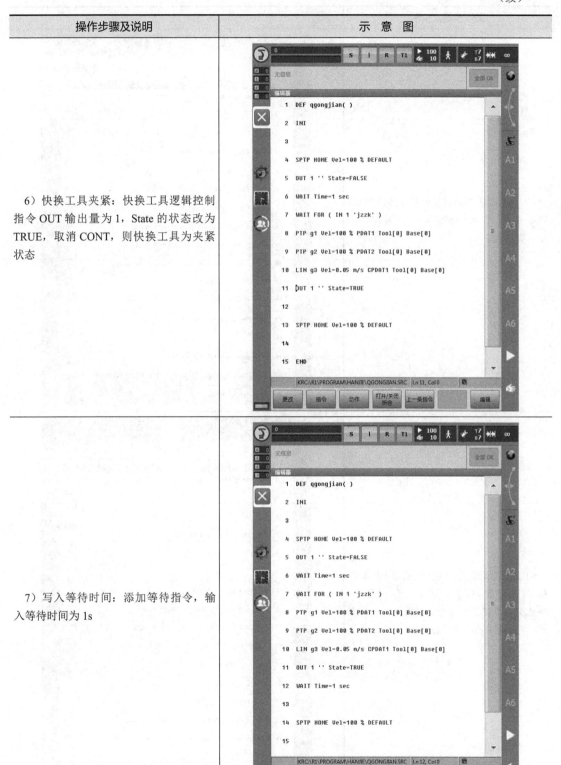
7）写入等待时间：添加等待指令，输入等待时间为 1s	

（续）

操作步骤及说明	示　意　图
8）再次确认快换夹具夹紧：添加 WAIT FOR 指令，输入变量编号为 2，检测快换工具夹紧状态	
9）添加运动指令：使工业机器人抓取焊接工件后按照 g3、g2、g1 位置点顺序返回，完成抓取焊接工件动作。根据现场工艺需求，完成对此点的参数设置	

（续）

操作步骤及说明	示　意　图
10）添加运动指令：使工业机器人抓取焊接工件后向变位机模块工作台位置运动至 g4、g5 点，准备放置焊接工件。根据现场工艺需求，完成对此点的参数设置	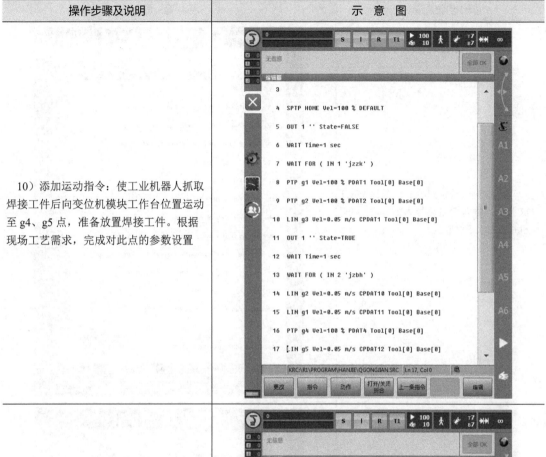
11）变位机位置调整：变位机 2 号位置，即水平位置，输出地址为 115，当 State 的状态改为 TRUE 时，变位机向 2 号位置转动	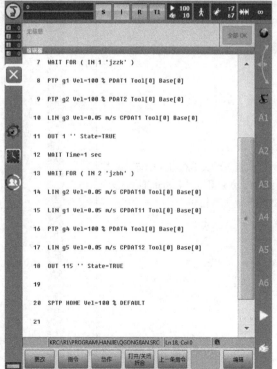

（续）

操作步骤及说明	示　意　图
12）检测变位机位置状态：添加 WAIT FOR 指令，输入变量编号为115，检测变位机是否在水平位置状态	
13）变位机气动夹具松开：OUT 119 控制变位机气动夹具动作，State 的状态为 FALSE 时气动夹具松开	

（续）

操作步骤及说明	示　意　图
14）检测变位机气动夹具松开到位：添加 WAIT FOR 指令，输入变量编号为119，检测变位机气动夹具松开是否到位	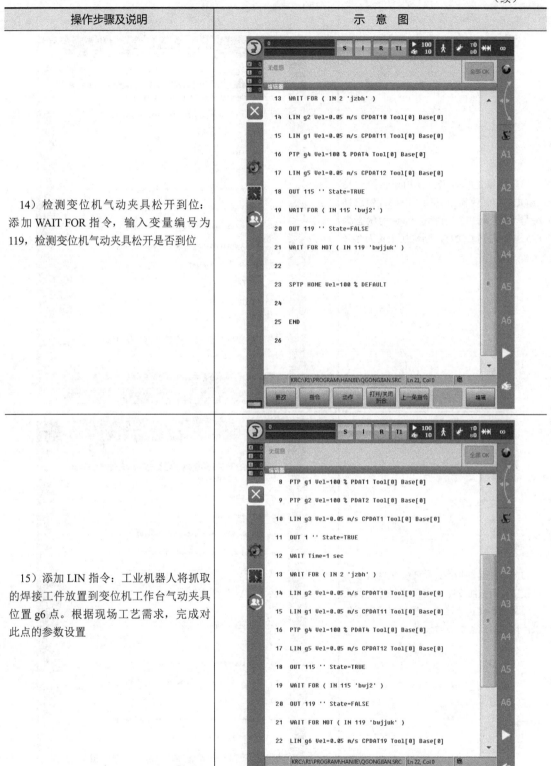
15）添加 LIN 指令：工业机器人将抓取的焊接工件放置到变位机工作台气动夹具位置 g6 点。根据现场工艺需求，完成对此点的参数设置	

（续）

操作步骤及说明	示 意 图
16）快换工具打开：使用逻辑控制指令 OUT 控制快换工具动作。修改输出端编号为 1，输出接通状态 State 的状态为 FALSE，取消 CONT，则快换工具为张开状态	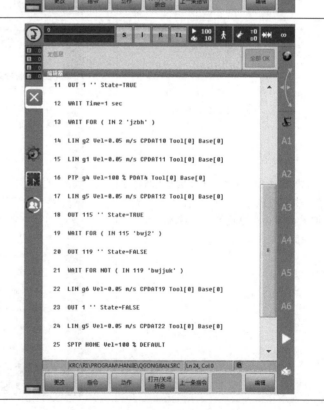
17）添加运动指令：使工业机器人放下焊接工件后按照 g6、g5 位置点顺序返回，完成放置焊接工件动作。根据现场工艺需求，完成对此点的参数设置	

（续）

操作步骤及说明	示 意 图
18）变位机气动夹具夹紧：OUT 119 控制变位机气动夹具动作，State 的状态为 TRUE 时气动夹具夹紧	
19）检测变位机气动夹具夹紧到位：添加 WAIT FOR 指令，输入变量编号为 119，检测变位机气动夹具夹紧是否到位。变位机工作台焊接工件准备完成，等待焊接	

（6）放焊接工件程序模块 fgongjian　放焊接工件程序模块 fgongjian 的编写过程详见表 7-14。

放焊接工件程序模块
fgongjian 的编写过程

表 7-14　放焊接工件程序模块 fgongjian 的编写过程

操作步骤及说明	示　意　图
| 1）打开创建的程序模块 fgongjian，进入程序编辑界面 | ```
1  DEF fgongjian( )
2  INI
3
4  SPTP HOME Vel=100 % DEFAULT
5
6  SPTP HOME Vel=100 % DEFAULT
7
8  END
9
``` |
| 2）快换工具打开：使用逻辑控制指令 OUT 控制快换工具动作。修改输出端编号为 1，输出接通状态 State 的状态为 FALSE，取消 CONT，则快换工具为张开状态 | ```
1  DEF fgongjian( )
2  INI
3
4  SPTP HOME Vel=100 % DEFAULT
5  OUT 1 '' State=FALSE
6
7  SPTP HOME Vel=100 % DEFAULT
8
9  END
10
``` |

（续）

操作步骤及说明	示　意　图
3）变位机气动夹具松开：OUT 119 控制变位机气动夹具动作，State 的状态为 FALSE 时气动夹具松开	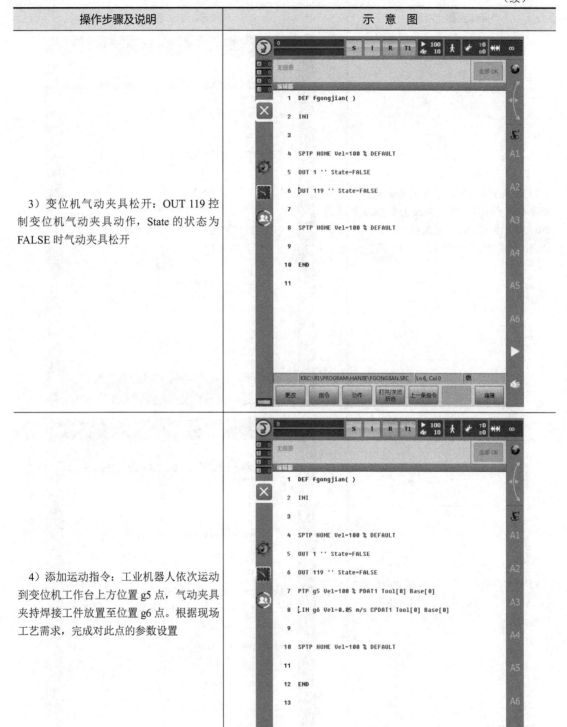
4）添加运动指令：工业机器人依次运动到变位机工作台上方位置 g5 点，气动夹具夹持焊接工件放置至位置 g6 点。根据现场工艺需求，完成对此点的参数设置	

（续）

操作步骤及说明	示　意　图
5）快换工具夹紧：快换工具逻辑控制指令 OUT 输出量为 1，State 的状态改为 TRUE，取消 CONT，则快换工具为夹紧状态，完成焊接工件抓取	
6）检测快换夹具夹紧：添加 WAIT FOR 指令，输入变量编号为 2，检测快换工具夹紧状态	

（续）

操作步骤及说明	示 意 图
7）焊接工件放回工件仓储模块：工业机器人抓取焊接工件后依次由位置 g6 点运动至 g5 点，离开变位机工作区域，再依次运动至 g1、g2、g3 位置点。根据现场工艺需求，完成对此点的参数设置	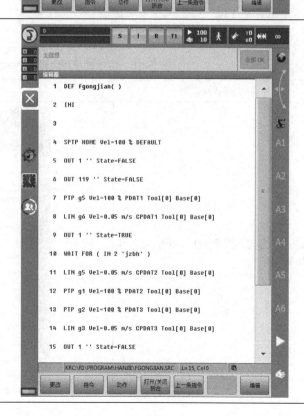
8）快换工具打开：在工业机器人抓取焊接工件到达工件仓储模块的放置位置 g3 点后，放置工件。快换工具逻辑控制指令 OUT 输出量编号为 1，State 的状态为 FALSE，取消 CONT，则快换工具为张开状态，完成焊接工件放置	

（续）

操作步骤及说明	示 意 图
9）添加运动指令：工业机器人放下焊接工件后从 g3 点开始，依次按照 g2、g1 位置点顺序返回。根据现场工艺需求，完成对此点的参数设置	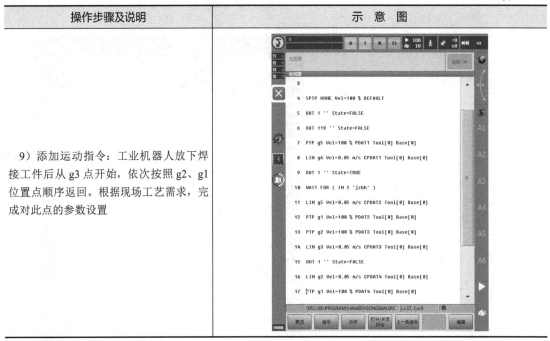

（7）焊接过程程序模块 hanjie 焊接过程程序模块 hanjie 的编写过程详见表 7-15。

焊接过程程序模块 **hanjie** 的编写过程

表 7-15 焊接过程程序模块 hanjie 的编写过程

操作步骤及说明	示 意 图
1）打开创建的程序模块 hanjie，进入程序编辑界面	

（续）

操作步骤及说明	示　意　图
2）添加运动指令：工业机器人抓取焊接工具后运动至待焊接工件 p1 点	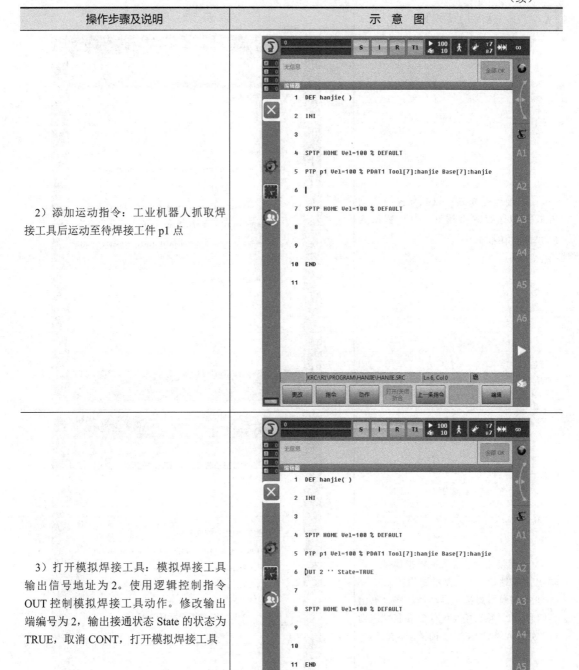
3）打开模拟焊接工具：模拟焊接工具输出信号地址为 2。使用逻辑控制指令 OUT 控制模拟焊接工具动作。修改输出端编号为 2，输出接通状态 State 的状态为 TRUE，取消 CONT，打开模拟焊接工具	

（续）

操作步骤及说明	示　意　图
4）焊接运行轨迹：以 LIN 直线运动方式模拟运行焊接轨迹，轨迹依次为 p1 → p2 → p3 → p4	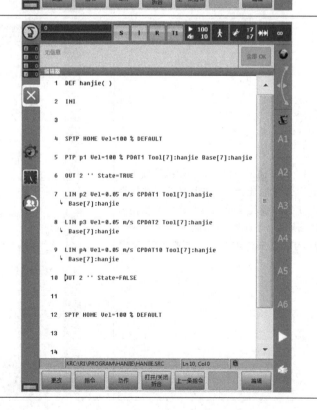
5）关闭模拟焊接工具：模拟焊接工具输出信号地址为 2。使用逻辑控制指令 OUT 控制模拟焊接工具动作。修改输出端编号为 2，输出接通状态 State 的状态为 FALSE，取消 CONT，关闭模拟焊接工具	

（续）

操作步骤及说明	示 意 图
6）添加运动指令：工业机器人运动至第 2 段焊接轨迹起始点 p3 点	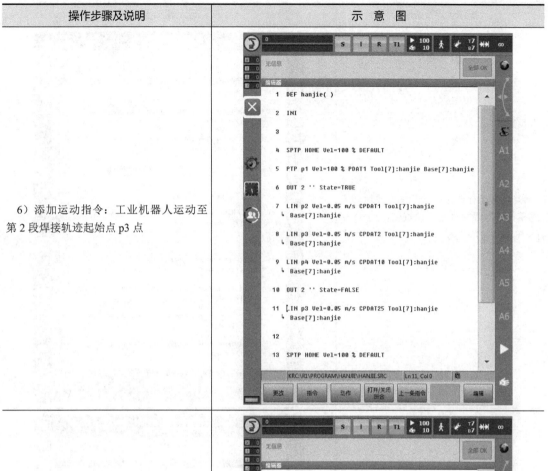
7）打开模拟焊接工具：模拟焊接工具输出信号地址为 2。使用逻辑控制指令 OUT 控制模拟焊接工具动作。修改输出端编号为 2，输出接通状态 State 的状态为 TRUE，取消 CONT，打开模拟焊接工具	

（续）

操作步骤及说明	示　意　图
8）焊接运行轨迹：以 LIN 直线运动方式模拟运行焊接轨迹，轨迹依次为 p3 → p5 → p6 → p7 → p8	
9）关闭模拟焊接工具：模拟焊接工具输出信号地址为 2。使用逻辑控制指令 OUT 控制模拟焊接工具动作。修改输出端编号为 2，输出接通状态 State 的状态为 FALSE，取消 CONT，关闭模拟焊接工具	

（续）

操作步骤及说明	示　意　图
10）添加运动指令：工业机器人运动至第 3 段焊接轨迹起始点 p7 点	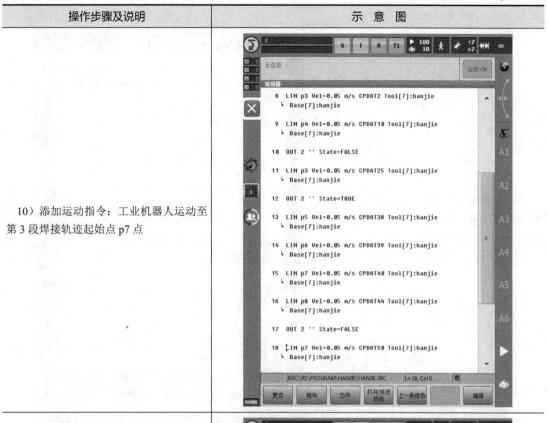
11）打开模拟焊接工具：模拟焊接工具输出信号地址为 2。使用逻辑控制指令 OUT 控制模拟焊接工具动作。修改输出端编号为 2，输出接通状态 State 的状态为 TRUE，取消 CONT，打开模拟焊接工具	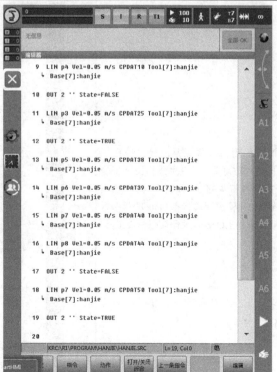

KUKA工业机器人典型应用案例详解

（续）

操作步骤及说明	示意图
12）焊接运行轨迹：以 LIN 直线运动方式模拟运行焊接轨迹，轨迹依次为 p7 → p9	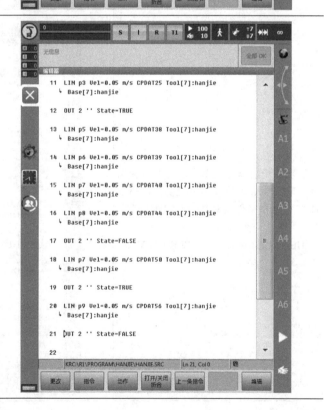
13）关闭模拟焊接工具：模拟焊接工具输出信号地址为 2。使用逻辑控制指令 OUT 控制模拟焊接工具动作。修改输出端编号为 2，输出接通状态 State 的状态为 FALSE，取消 CONT，关闭模拟焊接工具	

238

（续）

操作步骤及说明	示 意 图
14）完成焊接，工业机器人返回HOME点	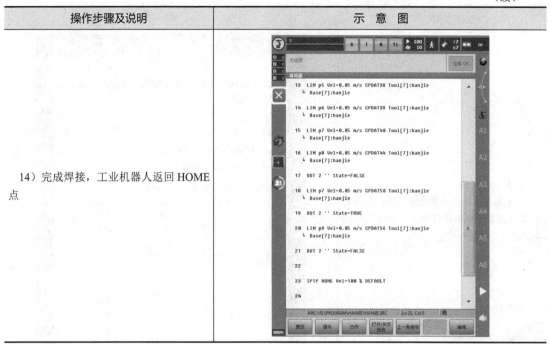

（8）焊接主程序 main 焊接主程序 main 的编写过程详见表 7-16。

焊接主程序 main 的
编写过程

表 7-16　焊接主程序 main 的编写过程

操作步骤及说明	示 意 图
1）打开创建的主程序模块 main，进入程序编辑界面	

（续）

操作步骤及说明	示　意　图
2）检测变位机模块的初始信息：变位机工作台是否在水平位置停止，变位机气动夹具是否处于松开状态	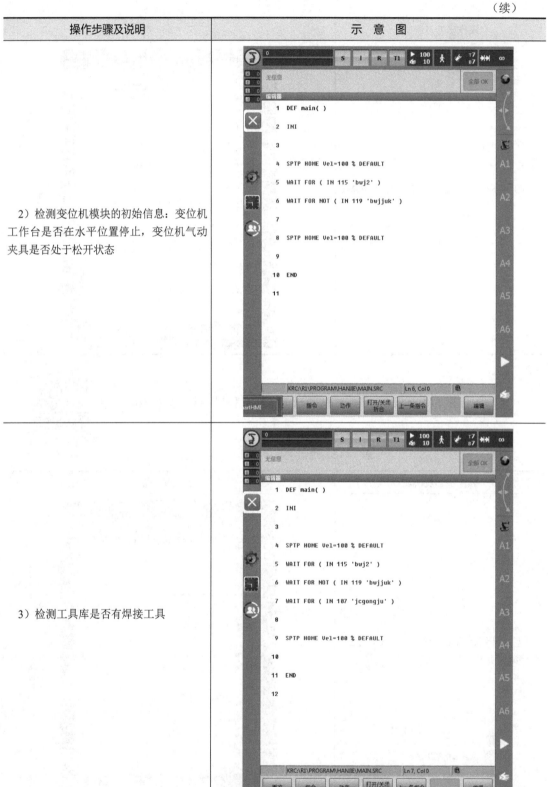
3）检测工具库是否有焊接工具	

（续）

操作步骤及说明	示　意　图
4）快换工具打开：使用逻辑控制指令 OUT 控制快换工具动作。修改输出端编号为 1，输出接通状态 State 的状态为 FALSE，取消 CONT，则快换工具为张开状态	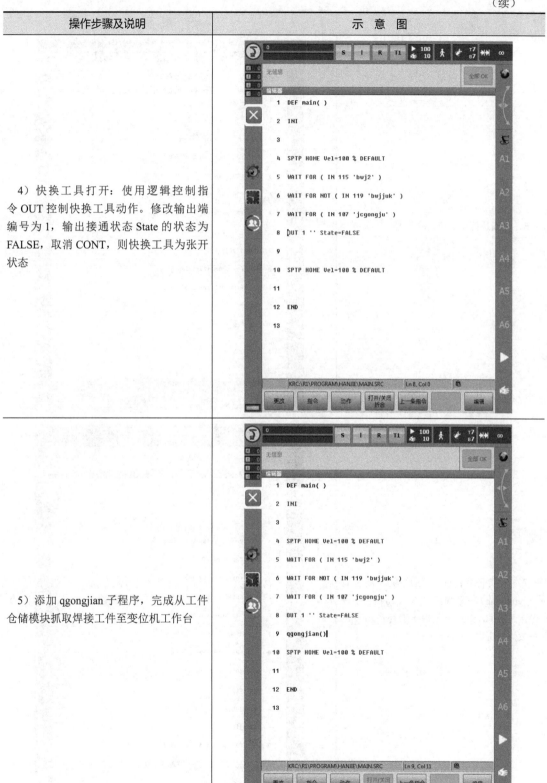
5）添加 qgongjian 子程序，完成从工件仓储模块抓取焊接工件至变位机工作台	

（续）

操作步骤及说明	示　意　图
6）检测是否有系统启动信号	
7）焊接任务：依次完成取焊接工件（qgongjian）→取焊接工具（qgogngju）→焊接过程（hanjie）→放焊接工具（fgongju）→放焊接工件（fgongjian）	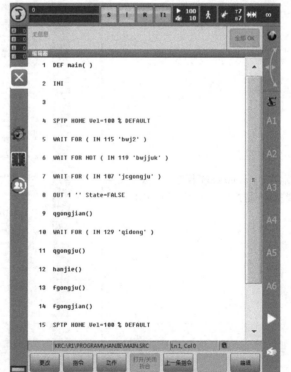

5. 程序调试与运行

（1）程序调试的目的　程序调试主要用来检查程序的位置点是否正确，程序的逻辑控制是否完善，子程序的输入参数是否合理。

（2）调试程序

调试程序（焊接）

1）加载程序：编程完成后，保存的程序必须加载到内存中才能运行，在示教器界面选择【hanjie】目录下的 main 主程序模块，单击示教器下方【选定】，如图 7-11 所示，完成程序的加载，如图 7-12 所示。

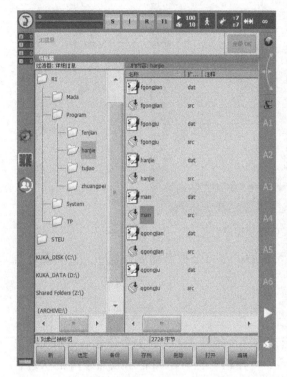

图 7-11　选定程序

图 7-12　程序加载

2）试运行程序：程序加载后，程序执行的蓝色指示箭头位于初始行。按下示教器背面的确认开关，同时按住示教器正面左侧程序启动键▶或示教器背面的绿色程序启动键，状态栏运行键【R】和程序内部运行状态文字说明为绿色，如图 7-13 所示，则表示程序开始试运行，蓝色指示箭头开始依次下移。

当蓝色指示箭头移至第 4 行 SPTP 命令行时，弹出 BCO 提示信息，如图 7-14 所示，单击【OK】或【全部 OK】，再次按住示教器正面左侧的程序启动键▶或示教器背面的绿色程序启动键，程序开始向下顺序执行。

绿色

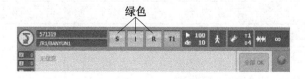

图 7-13　程序开始运行

图 7-14　BCO 提示信息

3）自动运行程序：经过试运行确保程序无误后，方可进行自动运行程序，自动运行程序操作步骤如下：

① 加载程序。

② 手动操作程序直至程序提示 BCO 信息。

③ 利用连接管理器切换运行方式。转动运动方式选择开关到"锁紧"位置，弹出运行方式，选择【AUT】方式，再将连接管理器转动到"开锁"位置，此时示教器顶端的状态显示编辑栏【T1】改为【AUT】。

④ 为安全起见，降低工业机器人自动运行速度，在第一次运行程序时，建议将程序调节量设定为 10%。

⑤ 单击示教器左侧程序启动键，程序自动运行，工业机器人自动完成模拟焊接任务。

评价反馈

基本素养（30分）				
序　号	评估内容	自　评	互　评	师　评
1	纪律（无迟到、早退、旷课）（10分）			
2	安全规范操作（10分）			
3	团结协作能力、沟通能力（10分）			

（续）

理论知识（30分）				
序　号	评 估 内 容	自　评	互　评	师　评
1	焊接指令的应用特点（10分）			
2	焊接指令参数的意义（10分）			
3	焊接机器人在行业中的应用（10分）			
技能操作（40分）				
序　号	评 估 内 容	自　评	互　评	师　评
1	模拟焊接轨迹规划（10分）			
2	程序示教编写（10分）			
3	程序校验、试运行（10分）			
4	程序调试与自动运行（10分）			
综合评价				

练习与思考

一、填空题

1. 采用_____焊接已成为焊接自动化技术现代化的主要标志。

2. 弧焊机器人经常应用在电弧焊，主要包括结构钢和CTNi钢的_____、_____、_____、_____。

3. 在工业机器人弧焊过程中，一条焊缝经常由_____、终端焊口位置组成。

4. 常用焊接指令有_____、_____、_____。

二、简答题

1. 简述焊接指令ArcOn各参数含义。

2. 简述焊接机器人的调试流程。

三、编程题

使用KUKA-KR3型工业机器人模拟焊接一个五角星，顺序如图7-15所示。

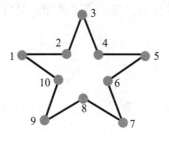

图7-15　五角星

项目八　抛光打磨机器人工作站编程调试

学习目标

○　能进行工业机器人数据的存档和还原。

○　能进行工业机器人抛光打磨路径规划分析。

○　能使用示教器编制模拟抛光打磨应用程序。

工作任务

一、工作任务的背景

抛光打磨作为制造业中最普遍、最广泛的基础性生产工序之一，大到重型机械、汽车，小至手机、小家电，甚至水龙头，都离不开抛光打磨；也正是因为这道生产工序的存在，我们日常生活中随处可见的这些物品才能有光洁亮丽的外观。

抛光打磨行业有着数以千万计的工作人员，他们的工作劳动强度大，工作环境恶劣。抛光打磨所产生的粉尘造成工作环境污染，经年累月地研磨金属材料有可能让他们的手腕或者手指出现问题，研磨所产生的金属粉尘如果不能及时排出车间，有可能会发生爆炸事故。另外，从生产的角度来看，用人工进行抛光打磨还面临着生产效率低、产品一致性差等问题。因此，无论是打磨质量、生

图 8-1　抛光打磨机器人

产效率，还是人工劳动条件，种种因素都促使研磨行业对自动化抛光打磨机器人的需求。抛光打磨机器人如图 8-1 所示。

二、所需要的设备

抛光打磨机器人工作站涉及的主要设备包括：KUKA-KR3 型工业机器人本体、工业机器人控制柜、示教器、气泵、工件仓储模块、模拟抛光打磨工具、快换工具、抛光打磨工件、变位机模块等，如图 8-2 所示。

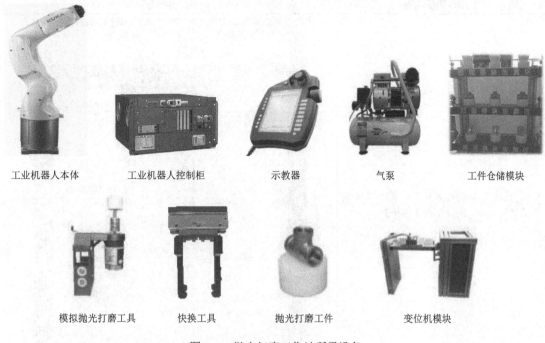

| 工业机器人本体 | 工业机器人控制柜 | 示教器 | 气泵 | 工件仓储模块 |
| 模拟抛光打磨工具 | 快换工具 | 抛光打磨工件 | 变位机模块 |

图 8-2　抛光打磨工作站所需设备

三、任务描述

本任务以工业机器人模拟抛光打磨工作为典型案例，根据待抛光打磨工件的构造进行程序的编写。编程实现工业机器人从工件仓储模块抓取待抛光打磨的工件，将其放置在变位机模块上，变位机工作台上夹紧气缸伸出，进行工件的定位夹紧。接下来，工业机器人抓取抛光打磨工具运行至抛光打磨工作区域，起动变位机运行至工件抛光打磨工作位置，工业机器人开始进行抛光打磨。完成任务后，工业机器人将抛光打磨工具放回至快换工具模块，再运行至变位机模块位置，变位机工作台上夹紧气缸收回。最后，工业机器人抓取抛光打磨工件放回至工件仓储模块，再返回工作原点。

程序调试完成进行程序的备份与存档。

实践操作

一、知识储备

1. 工业机器人程序的备份

工业机器人程序完成后，可以将程序进行备份。程序备份方法见表 8-1。

程序备份

表 8-1 程序备份方法

操作步骤及说明	示 意 图
1）选中并备份 .src 文件：选中需要备份的文件 damo.src，单击【备份】	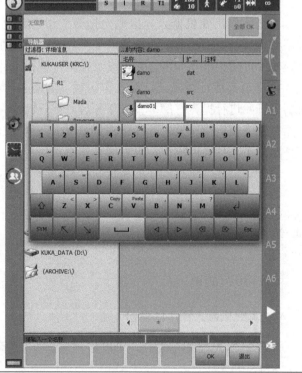
2）编辑名称：输入备份文件新的名称 damo01，单击【OK】	

（续）

操作步骤及说明	示　意　图
3）完成 .src 文件备份	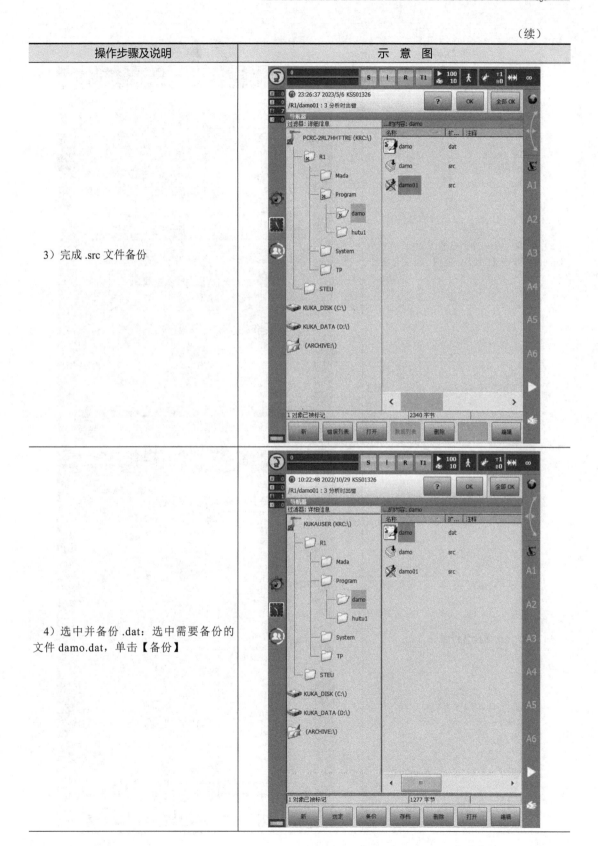
4）选中并备份 .dat：选中需要备份的文件 damo.dat，单击【备份】	

（续）

操作步骤及说明	示　意　图
5）编辑名称：输入备份文件新的名称damo01，单击【OK】，完成 .dat 文件备份	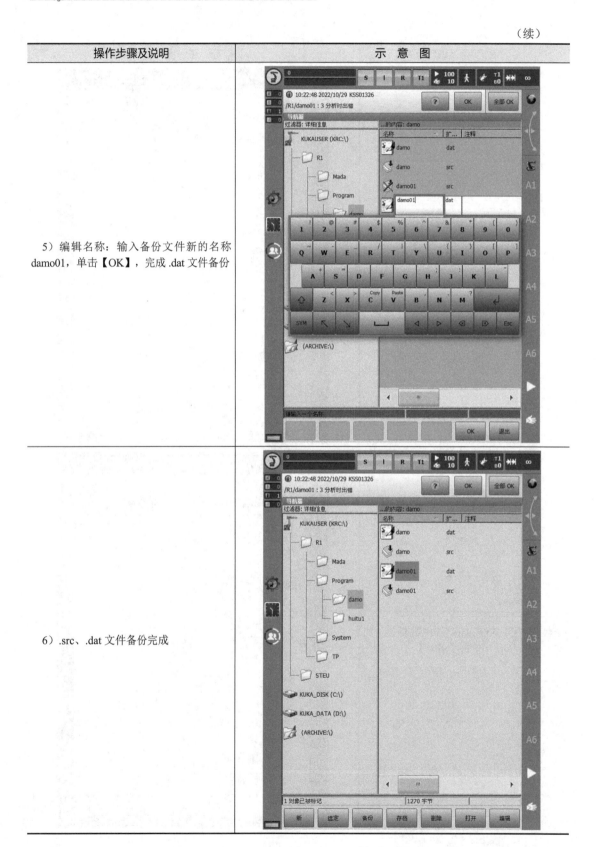
6）.src、.dat 文件备份完成	

2. 程序的运行方式

在状态栏中单击程序运行方式按钮，选择所需的程序运行方式，如图 8-3 所示。程序运行方式的状态显示及说明见表 8-2。

图 8-3 状态显示

表 8-2 程序运行方式的状态显示及说明

名　　称	状态显示	说　　明
Go		程序继续运行，直至程序结尾 在测试运行中，必须按住启动键
动作		在不尽相同的运行方式下，每个运动指令都单个执行 每一个运动结束后，都必须重新按下启动键
单个步骤		仅供专家组用户使用 在增量步进时，逐行执行 每行执行后，都必须重新按下启动键

3. KUKA 工业机器人的存档和还原

（1）KUKA 工业机器人的存档途径　KUKA 工业机器人的相关数据可以存档。在每个存档过程中均会在相应的目标媒质上生成一个 zip 文件，该文件与工业机器人同名。

KUKA 工业机器人有三个不同的存储位置可供选择，具体见表 8-3。

表 8-3 KUKA 工业机器人的存储位置

存 储 位 置	操 作 说 明
USB（KCP）	从示教器上插入 U 盘
USB（控制柜）	从工业机器人控制柜上插入 U 盘
网络	在一个网络路径上存档，所需的网络路径必须在工业机器人数据下配置

注意：在每个存档过程中，除了将生成的 zip 文件保存在所选的存储媒质上之外，同时还在驱动器 D 上存储一个存档文件（intern.zip）。

对于 KUKA 工业机器人的数据，可以从表 8-4 所示的菜单选项中进行选择。

表 8-4　KUKA 工业机器人数据菜单项及存档的文件

菜　单　项	存档的文件
所有（全部）	将还原当前系统时所需的数据进行存档
应用	所有用户自定义的 KRL 模块（程序）和相应的系统文件均被存档
机器参数	将机器参数存档
Log 数据	将 Log 文件存档
KrcDiag	将数据存档，以便将其提供给 KUKA 机器人有限公司进行故障分析。在此将生成一个文件夹（名为 KrcDiag），其中可写入 10 个 zip 文件。除此之外，还另外在控制器中将存档文件存放在 C:\KUKA\KRCDiag 下

（2）KUKA 工业机器人的存档操作　KUKA 工业机器人的存档操作仅允许使用 KUKA.USBData U 盘。如果使用其他 U 盘，则可能造成数据丢失或数据被更改。具体操作见表 8-5。

KUKA 工业机器人的存档操作

表 8-5　KUKA 工业机器人的存档操作

操作步骤及说明	示　意　图
1）在主菜单中选择【文件】	

（续）

操作步骤及说明	示 意 图
2）选择【存档】	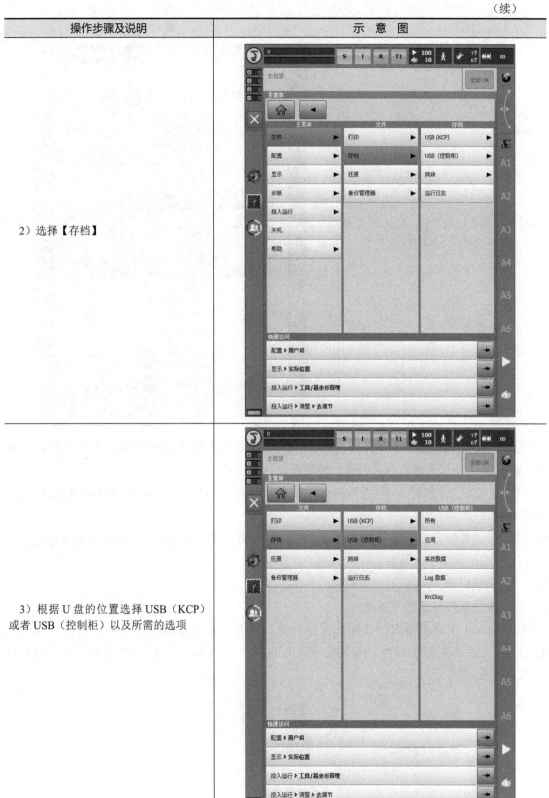
3）根据 U 盘的位置选择 USB（KCP）或者 USB（控制柜）以及所需的选项	

(续)

操作步骤及说明	示意图
4）单击【是】确认安全询问，当 U 盘上的 LED 指示灯熄灭后，可将其取下	

（3）KUKA 工业机器人的数据还原　KUKA 工业机器人对存档后的数据也可以进行还原。还原时可以选择命令：所有、应用程序、系统数据。

在 KUKA 工业机器人中，通常只允许载入具有相应软件版本的文档。如果载入其他文档，则可能出现以下后果：

1）提示故障信息（已存档文件版本与系统中的文件版本不同时，或者工艺程序包的版本与已安装的版本不一致时）。

2）工业机器人控制器无法运行。

3）人员受伤以及财产损失。

在 KUKA 工业机器人的数据还原过程中，如果正从 U 盘执行还原，必须在 U 盘上的 LED 熄灭之后方可拔出 U 盘，否则会导致 U 盘受损。KUKA 工业机器人的数据还原具体操作见表 8-6。

KUKA 工业机器人的
数据还原操作

表 8-6 KUKA 工业机器人的数据还原操作

操作步骤及说明	示 意 图
1）在主菜单中选择【文件】	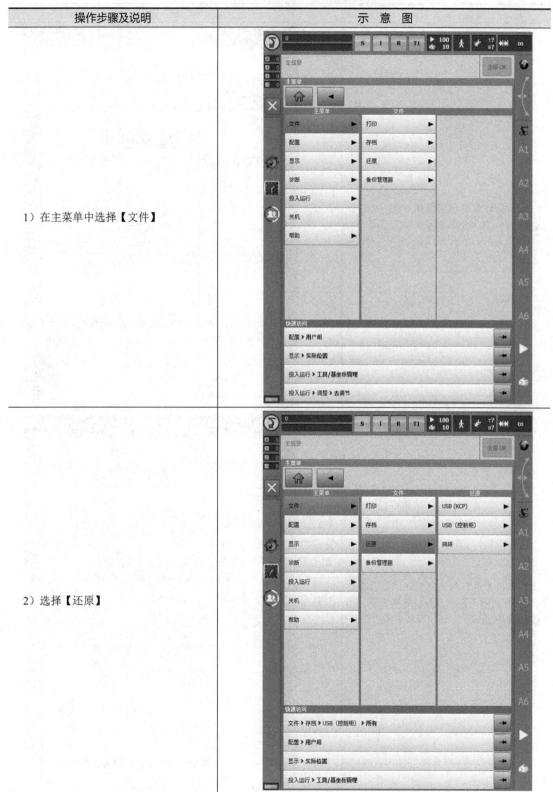
2）选择【还原】	

（续）

操作步骤及说明	示 意 图
3）根据 U 盘的位置选择 USB（KCP）或者 USB（控制柜）以及所需的选项	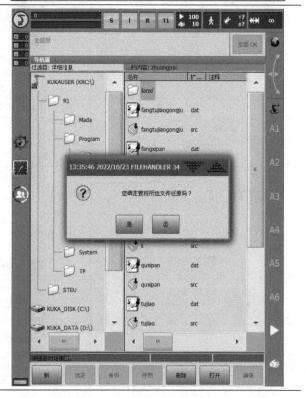
4）单击【是】确认安全询问。已存档的文件在机器人控制系统里重新恢复。当恢复过程结束时，屏幕出现相关的消息	

（续）

操作步骤及说明	示　意　图
5）重新启动机器人控制系统，需要进行一次冷启动	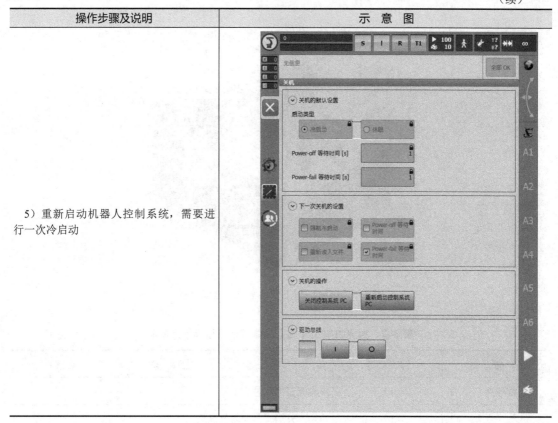

二、任务实施

1. 抛光打磨任务运动轨迹规划

工业机器人从工件仓储模块夹取抛光打磨工件放置至变位机模块的工作台上，再自动安装抛光打磨工具，在变位机上的待抛光打磨工件上进行抛光打磨作业。之后自动将抛光打磨工具放回至工具库模块，再将抛光打磨工件放回至工件仓储模块，运动规划如图 8-4 所示，抛光打磨工作站上具体运动路径如图 8-5 所示。抛光打磨工作站上具体运动路径程序点说明见表 8-7。打磨工件程序示例部分打磨路径如图 8-6 所示。

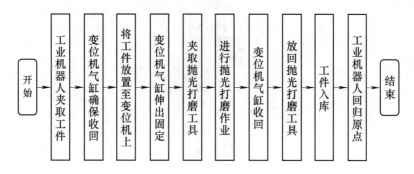

图 8-4　抛光打磨机器人工作站的运动规划

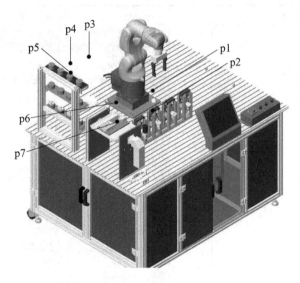

图 8-5　抛光打磨工作站上具体运动路径

表 8-7　抛光打磨工作站上具体运动路径程序点说明

程　序　点	符　　号	说　　明
程序点 1	p1	抛光打磨工具正上方点
程序点 2	p2	抛光打磨工具安装位置点
程序点 3	p3	工件仓储模块和工业机器人之间的一个较上方点
程序点 4	p4	工件仓储模块抛光打磨工件放置区的工件抓取正上方点
程序点 5	p5	工件仓储模块抛光打磨工件放置区的工件抓取点
程序点 6	p6	变位机工件放置垂直上方点
程序点 7	p7	变位机工件放置点

图 8-6　打磨工件程序示例部分打磨路径

2. 模拟抛光打磨过程使用的程序模块

完成模拟抛光打磨过程，需要使用的程序模块见表 8-8。

表 8-8　模拟抛光打磨过程使用的程序模块

序　号	程序模块名称	功　能　作　用
1	dpgc	完成抛光打磨过程任务
2	qdpkhgj	从工具库模块取模拟抛光打磨工具
3	fdpkhgj	放模拟抛光打磨工具至工具库模块
4	qdpgj	完成从工件仓储模块抓取抛光打磨工件至变位机工作台
5	fdpgj	完成从变位机工作台抓取抛光打磨工件至工件仓储模块
6	dpmain	主程序模块

3. I/O 配置

KUKA 工业机器人控制系统提供了 I/O 通信接口，具体见表 8-8。

表 8-9　I/O 通信接口

输　入	输　出	功　能　说　明	输 出 状 态	
			TRUE	FALSE
	OUT1	控制快换工具	夹紧	张开
	OUT4	抛光打磨工具	抛光打磨起动	关闭
	OUT115	控制变位机向水平位置运动	开始	停止
	OUT119	控制变位机气缸	夹紧	松开
IN1		快换工具张开检测	张开	夹紧
IN2		快换工具夹紧检测	夹紧	张开
IN110		抛光打磨工具位置上是否有工具	有	没有
IN115		检测变位机水平位置	水平	不水平
IN119		检测变位机气缸是否松开到位	夹紧	松开
IN130		触摸屏 HMI 模拟抛光打磨程序启动键	按下	松开

4. 示教编程

（1）坐标系创建　创建工具坐标系、基坐标系，具体见表 8-10。

表 8-10 坐标系创建过程

操作步骤及说明	示　意　图
1）新建抛光打磨工具的工具坐标系：用 XYZ 4 点法建立工具坐标系，命名为 dp	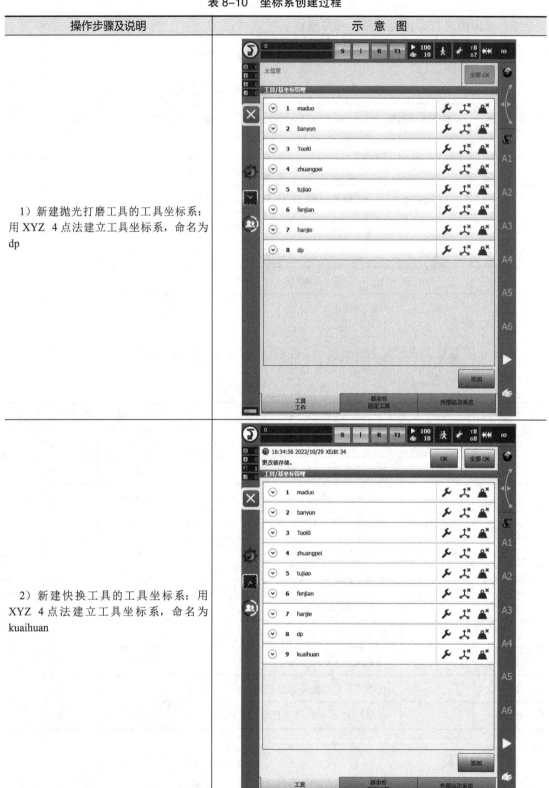
2）新建快换工具的工具坐标系：用 XYZ 4 点法建立工具坐标系，命名为 kuaihuan	

（续）

操作步骤及说明	示　意　图
3）新建基坐标系：以放置工件所用平面变位机模块水平位置上表面为基准，用3点法建立基坐标系。命名为dp	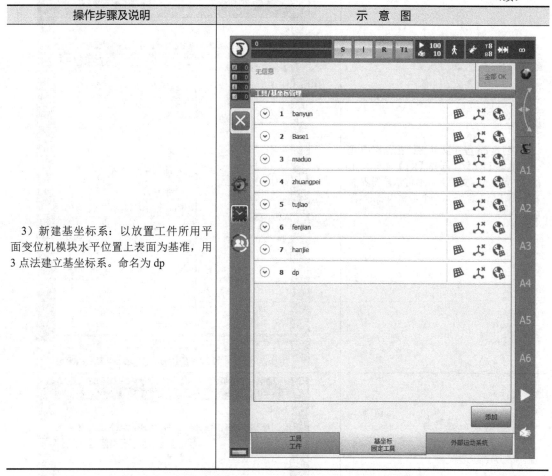

（2）创建模拟抛光打磨过程需要的程序文件和程序模块　模拟抛光打磨过程需要的程序文件和程序模块的创建过程见表8-11。

（3）取抛光打磨工具程序模块 qdpkhgj　取抛光打磨工具程序模块 qdpkhgj 的编写过程详见表8-12。

模拟抛光打磨过程需要的程序文件和程序模块创建过程

取抛光打磨工具程序模块 qdpkhgj 编写过程

表 8-11　模拟抛光打磨过程需要的程序文件和程序模块创建过程

操作步骤及说明	示　意　图
1）创建 dp 程序文件夹：在专家模式下，单击【R1】，选择【R1】文件夹下的【Program】文件夹，单击示教器界面左下角【新】，新建一个名称为 dp 的程序文件夹	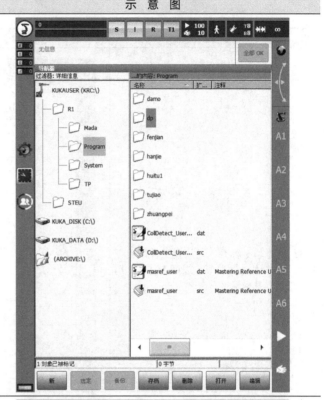
2）创建抛光打磨过程中的程序模块：在【dp】程序文件夹中，新建取抛光打磨工件程序模块 qdpgj、放抛光打磨工件程序模块 fdpgj、取抛光打磨快换工具程序模块 qdpkhgj、放抛光打磨快换工具程序模块 fdpkhgj、抛光打磨过程程序模块 dpgc、主程序模块 dpmain	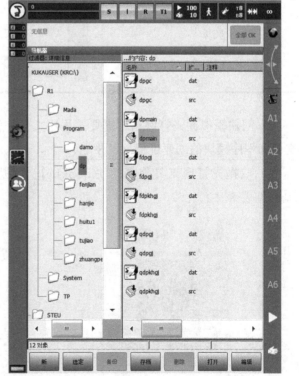

表 8-12 取抛光打磨工具程序模块 qdpkhgj 编写过程

操作步骤及说明	示 意 图
1）打开创建的程序模块 qdpkhgj，进入程序编辑界面	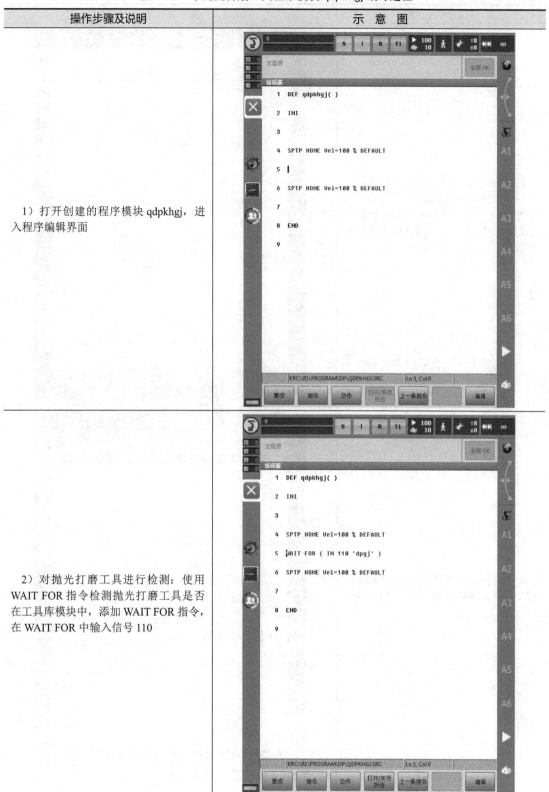
2）对抛光打磨工具进行检测：使用 WAIT FOR 指令检测抛光打磨工具是否在工具库模块中，添加 WAIT FOR 指令，在 WAIT FOR 中输入信号 110	

（续）

操作步骤及说明	示 意 图
3）快换工具打开：使用逻辑控制指令 OUT 控制快换工具动作。修改输出端编号为 1，输出接通状态 State 的状态为 FALSE，取消 CONT，则快换工具为张开状态	
4）再次确认是否添加快换工具张开的指令：添加 WAIT FOR 指令，输入变量编号为 1	

（续）

操作步骤及说明	示　意　图
5）添加 PTP、LIN 指令：使工业机器人由 HOME 点运动到抛光打磨工具放置位置上方 p1 点，再运动到抓取抛光打磨工具位置 p2 点。根据现场工艺需求，完成对此点的参数设置	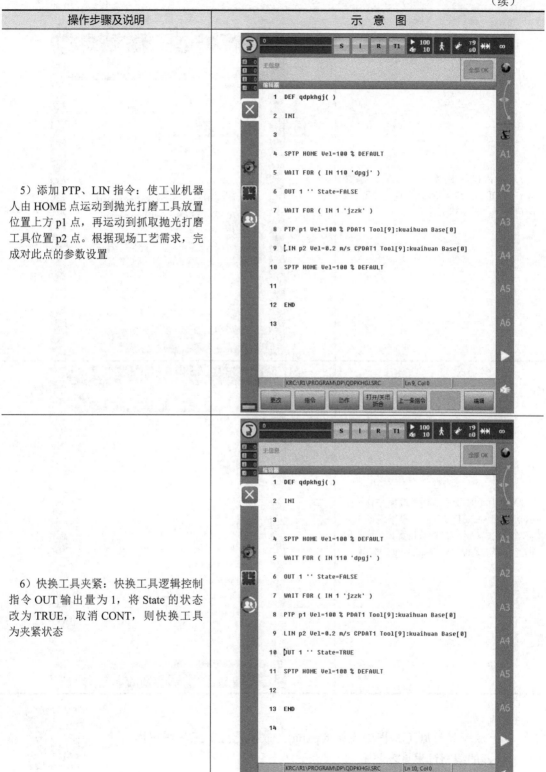
6）快换工具夹紧：快换工具逻辑控制指令 OUT 输出量为 1，将 State 的状态改为 TRUE，取消 CONT，则快换工具为夹紧状态	

（续）

操作步骤及说明	示　意　图
7）再次确认快换夹具夹紧：添加 WAIT FOR 指令，输入变量编号为 2，检测快换工具夹紧状态	``` 1 DEF qdpkhgj( ) 2 INI 3 4 SPTP HOME Vel=100 % DEFAULT 5 WAIT FOR (IN 110 'dpgj') 6 OUT 1 '' State=FALSE 7 WAIT FOR (IN 1 'jzzk') 8 PTP p1 Vel=100 % PDAT1 Tool[9]:kuaihuan Base[0] 9 LIN p2 Vel=0.2 m/s CPDAT1 Tool[9]:kuaihuan Base[0] 10 OUT 1 '' State=TRUE 11 WAIT FOR (IN 2 'jzbh') 12 SPTP HOME Vel=100 % DEFAULT 13 14 END 15 ``` KRC:\R1\PROGRAM\DP\QDPKHGJ.SRC　Ln 11, Col 0
8）添加 LIN 指令：使抓取抛光打磨工具后按照 p2、p1 点返回。根据现场工艺需求，完成对此点的参数设置。完成抓取抛光打磨工具程序模块 qdpkhgj 的编写	``` 1 DEF qdpkhgj( ) 2 INI 3 4 SPTP HOME Vel=100 % DEFAULT 5 WAIT FOR (IN 110 'dpgj') 6 OUT 1 '' State=FALSE 7 WAIT FOR (IN 1 'jzzk') 8 PTP p1 Vel=100 % PDAT1 Tool[9]:kuaihuan Base[0] 9 LIN p2 Vel=0.2 m/s CPDAT1 Tool[9]:kuaihuan Base[0] 10 OUT 1 '' State=TRUE 11 WAIT FOR (IN 2 'jzbh') 12 LIN p1 Vel=0.2 m/s CPDAT2 Tool[9]:kuaihuan Base[0] 13 SPTP HOME Vel=100 % DEFAULT 14 15 END ``` KRC:\R1\PROGRAM\DP\QDPKHGJ.SRC　Ln 12, Col 0

（4）放抛光打磨工具程序模块 fdpkhgj　放抛光打磨工具程序模块 fdpkhgj 的编写过程见表 8-13。

放抛光打磨工具程序
模块 fdpkhgj 编写过程

表 8-13　放抛光打磨工具程序模块 fdpkhgj 编写过程

操作步骤及说明	示　意　图
1）打开创建的程序模块 fdpkhgj，进入程序编辑界面	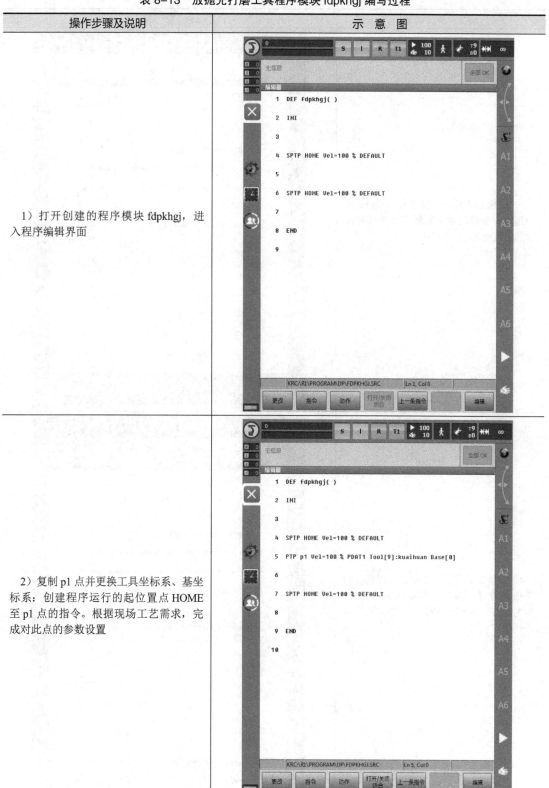
2）复制 p1 点并更换工具坐标系、基坐标系：创建程序运行的起位置点 HOME 至 p1 点的指令。根据现场工艺需求，完成对此点的参数设置	

（续）

操作步骤及说明	示　意　图
3）创建运动指令：创建由 p1 到 p2 点的指令。根据现场工艺需求，完成对此点的参数设置	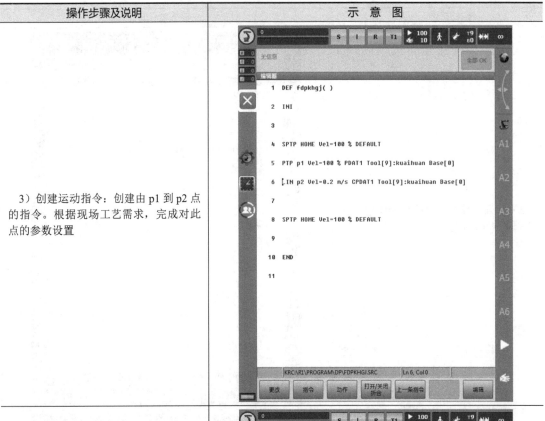
4）快换工具打开：快换工具逻辑控制指令 OUT 输出量编号为 1，State 的状态为 FALSE，取消 CONT，则快换工具为张开状态	

（续）

操作步骤及说明	示　意　图
5）再次确认是否添加张开快换工具的指令：添加 WAIT FOR 指令，输入变量编号为 1	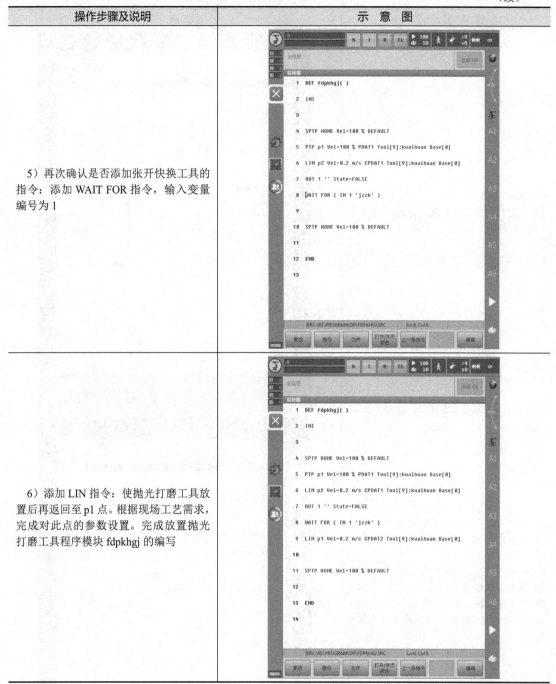
6）添加 LIN 指令：使抛光打磨工具放置后再返回至 p1 点。根据现场工艺需求，完成对此点的参数设置。完成放置抛光打磨工具程序模块 fdpkhgj 的编写	

（5）取抛光打磨工件程序模块 qdpgj　取抛光打磨工件程序模块 qdpgj 的编写过程见表 8-14。

取抛光打磨工件程序
模块 **qdpgj** 编写过程

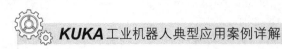

表 8-14　取抛光打磨工件程序模块 qdpgj 编写过程

操作步骤及说明	示　意　图
1）打开创建的程序模块 qdpgj，进入程序编辑界面	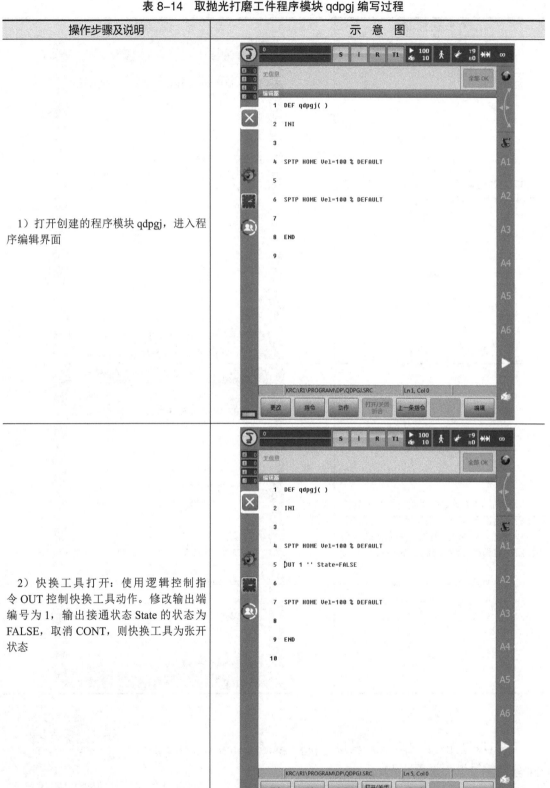
2）快换工具打开：使用逻辑控制指令 OUT 控制快换工具动作。修改输出端编号为 1，输出接通状态 State 的状态为 FALSE，取消 CONT，则快换工具为张开状态	

（续）

操作步骤及说明	示 意 图
3）确认是否添加快换工具张开的指令：添加 WAIT FOR 指令，输入变量编号为1	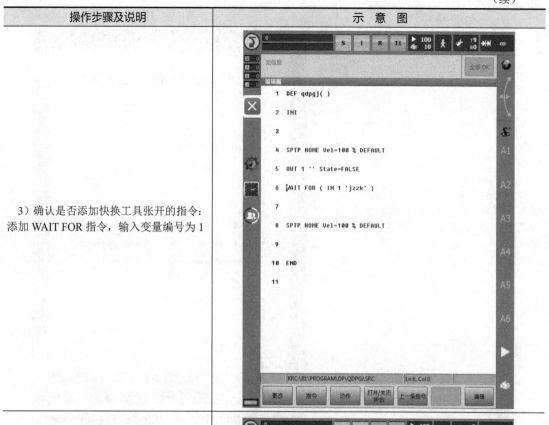
4）添加运动指令：使工业机器人依次从 HOME 点运动到平行于工件仓储模块抛光打磨工件放置区机器人一侧的 p3 点，再到抛光打磨工件垂直上方 p4 点，最后到抛光打磨工件抓取位置 p5 点	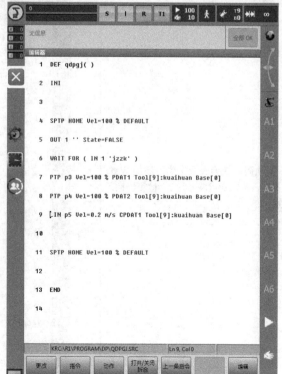

（续）

操作步骤及说明	示　意　图
5）快换工具夹紧：快换工具逻辑控制指令 OUT 输出量为 1，将 State 的状态改为 TRUE，取消 CONT，则快换工具为夹紧状态	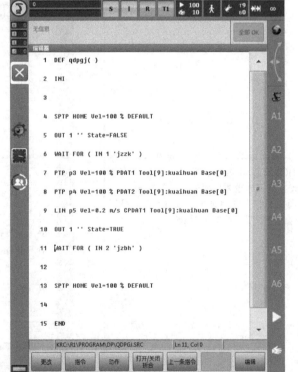
6）再次确认快换夹具夹紧：添加 WAIT FOR 指令，输入变量编号为 2，检测快换工具夹紧状态	

（续）

操作步骤及说明	示　意　图
7）添加运动指令：使工业机器人抓取抛光打磨工件后按照 p5、p4、p3 位置点顺序返回，完成抓取抛光打磨工件动作。根据现场工艺需求，完成对此点的参数设置	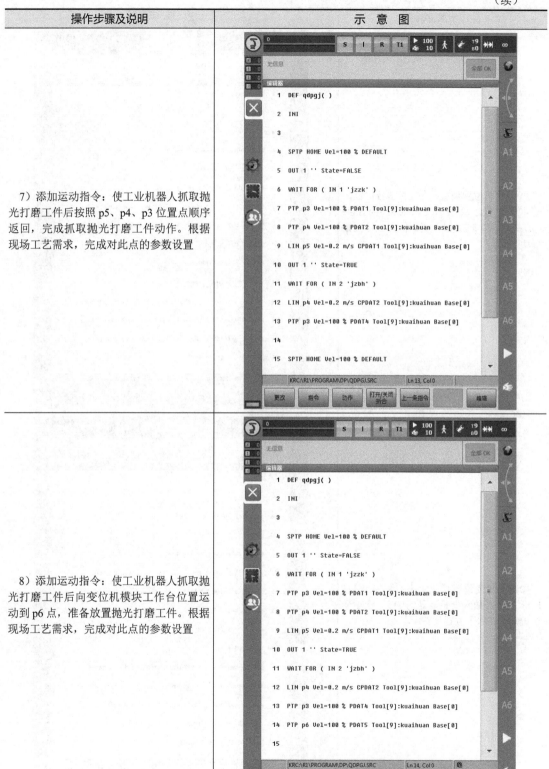
8）添加运动指令：使工业机器人抓取抛光打磨工件后向变位机模块工作台位置运动到 p6 点，准备放置抛光打磨工件。根据现场工艺需求，完成对此点的参数设置	

（续）

操作步骤及说明	示　意　图
9）变位机位置调整：变位机 2 号位置，即水平位置，输出地址为 115，当 State 的状态改为 TRUE 时，变位机向 2 号位置转动	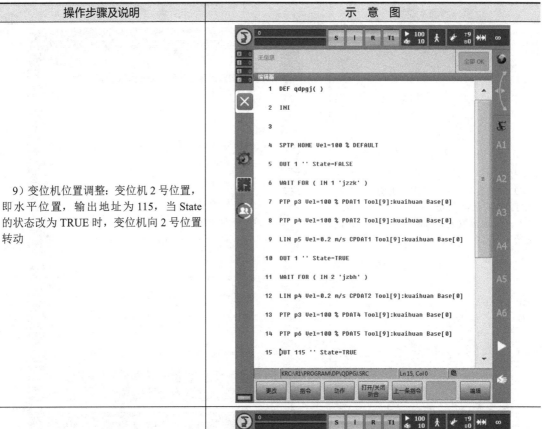
10）检测变位机位置状态：添加 WAIT FOR 指令，输入变量编号为 115，检测变位机是否在水平位置状态	

（续）

操作步骤及说明	示 意 图
11）变位机气动夹具松开：OUT 119 控制变位机气动夹具动作，State 的状态为 FALSE 时气动夹具松开	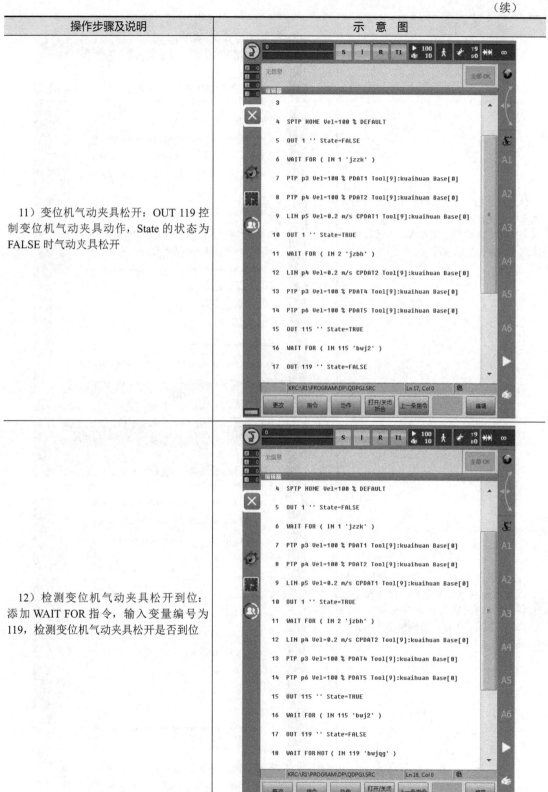
12）检测变位机气动夹具松开到位：添加 WAIT FOR 指令，输入变量编号为 119，检测变位机气动夹具松开是否到位	

KUKA 工业机器人典型应用案例详解

（续）

操作步骤及说明	示　意　图
13）添加 LIN 运动指令：工业机器人将抓取的抛光打磨工件放置到变位机工作台气动夹具位置 p7 点。根据现场工艺需求，完成对此点的参数设置	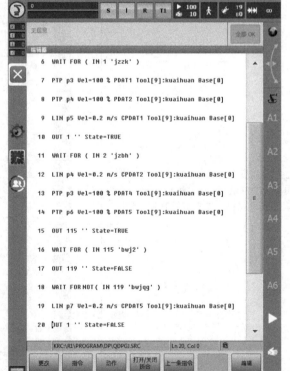
14）快换工具打开：使用逻辑控制指令 OUT 控制快换工具动作。修改输出端编号为 1，输出接通状态 State 的状态为 FALSE，取消 CONT，则快换工具为张开状态	

（续）

操作步骤及说明	示　意　图
15）再次确认快换工具打开：添加 WAIT FOR 指令，输入变量编号为 1，检测快换工具张开状态	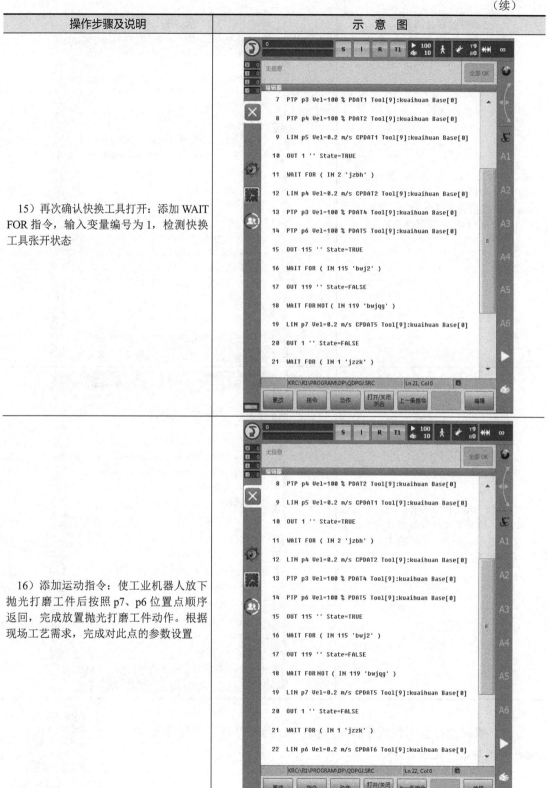
16）添加运动指令：使工业机器人放下抛光打磨工件后按照 p7、p6 位置点顺序返回，完成放置抛光打磨工件动作。根据现场工艺需求，完成对此点的参数设置	

（续）

操作步骤及说明	示 意 图
17）变位机气动夹具夹紧：使用逻辑控制指令 OUT 控制变位机气动夹具动作。修改输出端编号为 119，State 的状态为 TRUE，取消 CONT，则气动夹具夹紧	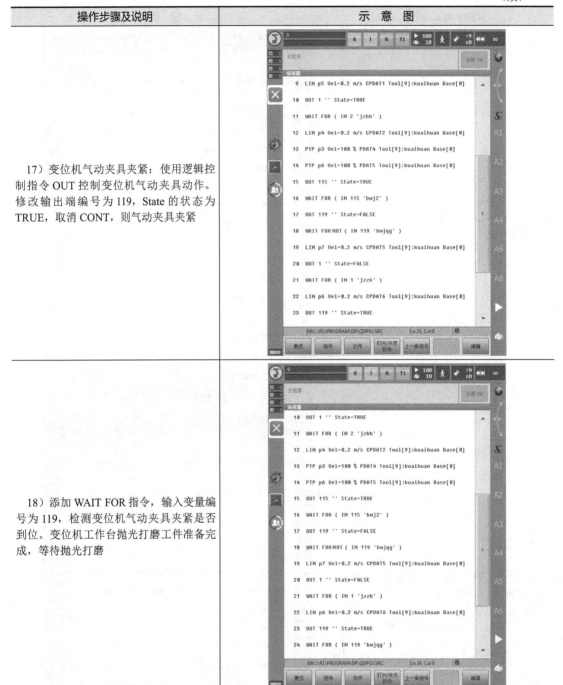
18）添加 WAIT FOR 指令，输入变量编号为 119，检测变位机气动夹具夹紧是否到位。变位机工作台抛光打磨工件准备完成，等待抛光打磨	

（6）放抛光打磨工件程序模块 fdpgj　放抛光打磨工件程序模块 fdpgj 的编写过程见表 8-15。

放抛光打磨工件程序
模块 fdpgj 编写过程

表 8–15 放抛光打磨工件程序模块 fdpgj 编写过程

操作步骤及说明	示 意 图
1）打开创建的程序模块 fdpgj，进入程序编辑界面	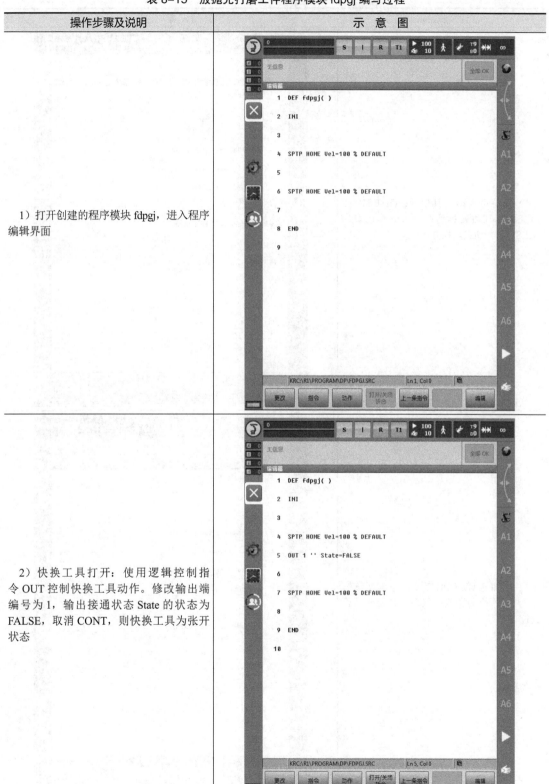
2）快换工具打开：使用逻辑控制指令 OUT 控制快换工具动作。修改输出端编号为 1，输出接通状态 State 的状态为 FALSE，取消 CONT，则快换工具为张开状态	

（续）

操作步骤及说明	示　意　图
3）变位机气动夹具松开：OUT 119 控制变位机气动夹具动作，State 的状态为 FALSE 时气动夹具松开	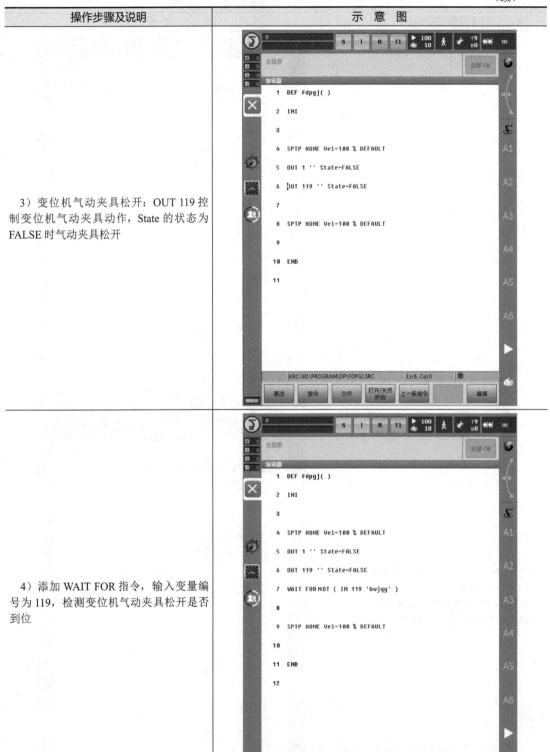
4）添加 WAIT FOR 指令，输入变量编号为 119，检测变位机气动夹具松开是否到位	

（续）

操作步骤及说明	示　意　图
5）添加运动指令：工业机器人依次运动到变位机工作台上方位置 p6 点，气动夹具夹持抛光打磨工件放置位置 p7 点。根据现场工艺需求，完成对此点的参数设置	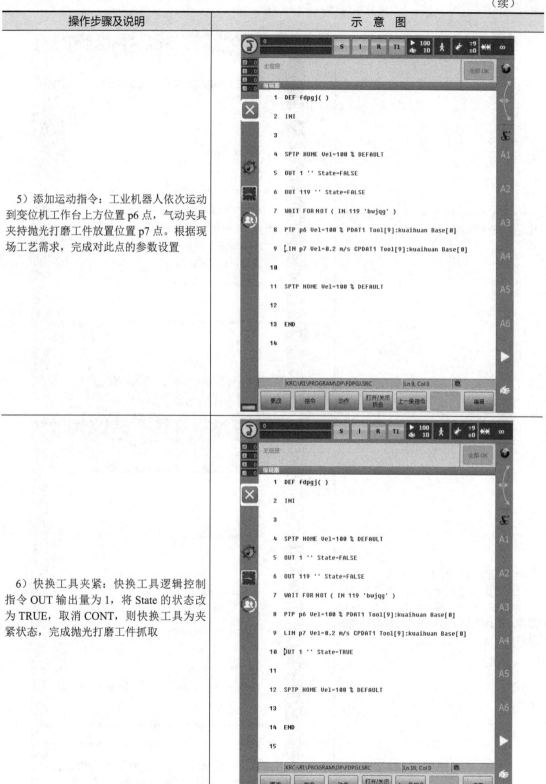
6）快换工具夹紧：快换工具逻辑控制指令 OUT 输出量为 1，将 State 的状态改为 TRUE，取消 CONT，则快换工具为夹紧状态，完成抛光打磨工件抓取	

（续）

操作步骤及说明	示　意　图
7）添加 WAIT FOR 指令，输入变量编号为 2，检测快换工具夹紧状态	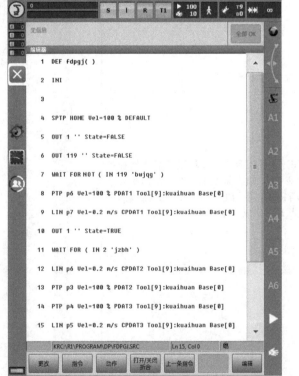
8）工业机器人抓取抛光打磨工件后依次由位置 p7 点运动至 p6 点，离开变位机工作区域，再依次运动至 p3、p4、p5 位置点。根据现场工艺需求，完成对此点的参数设置	

（续）

操作步骤及说明	示　意　图
9）快换工具打开：在工业机器人抓取抛光打磨工件到达工件仓储模块的放置位置 p5 点后，放置工件。快换工具逻辑控制指令 OUT 输出量编号为 1，State 的状态为 FALSE，取消 CONT，则快换工具为张开状态，完成抛光打磨工件放置	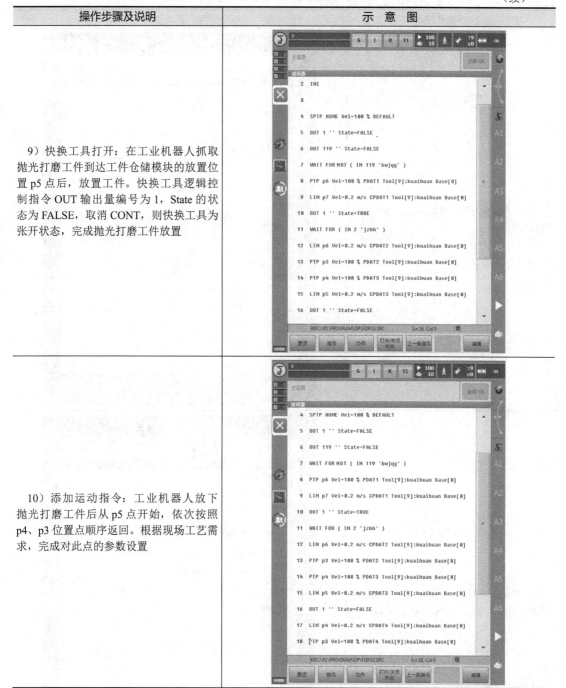
10）添加运动指令：工业机器人放下抛光打磨工件后从 p5 点开始，依次按照 p4、p3 位置点顺序返回。根据现场工艺需求，完成对此点的参数设置	

（7）抛光打磨过程程序模块 dpgc　抛光打磨过程程序模块 dpgc的编写过程见表 8-16。

抛光打磨过程程序
模块 dpgc 编写过程

表 8-16 抛光打磨过程程序模块 dpgc 编写过程

操作步骤及说明	示 意 图
1）打开创建的程序模块 dpgc，进入程序编辑界面	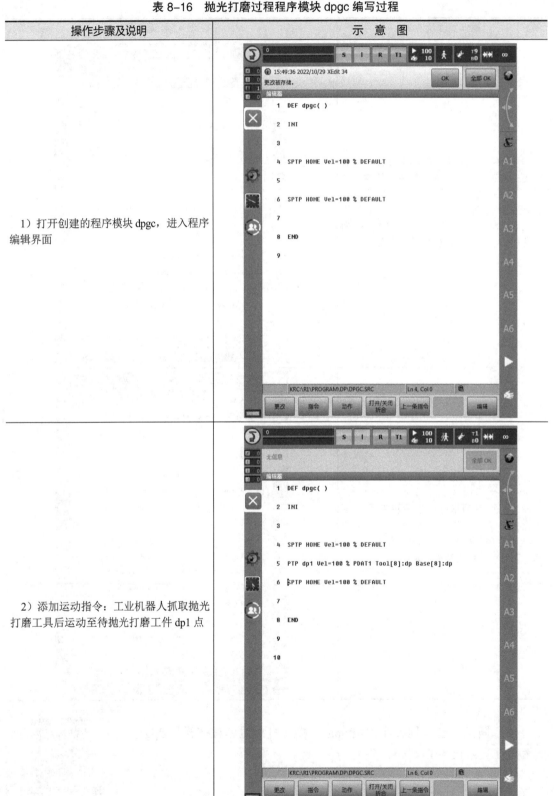
2）添加运动指令：工业机器人抓取抛光打磨工具后运动至待抛光打磨工件 dp1 点	

（续）

操作步骤及说明	示　意　图
3）打开模拟抛光打磨工具：模拟抛光打磨工具输出信号地址为4。使用逻辑控制指令OUT控制模拟抛光打磨工具动作。修改输出端编号为4，输出接通状态State的状态为TRUE，取消CONT，打开模拟抛光打磨工具	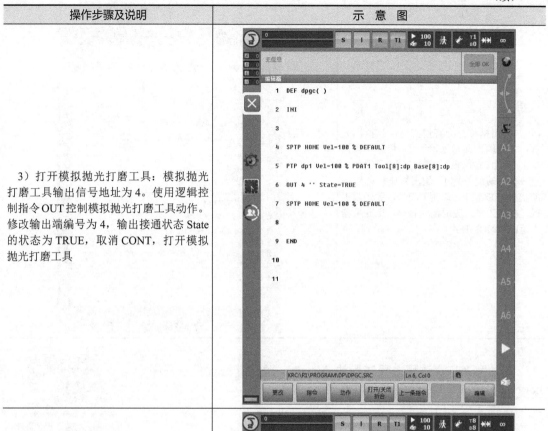
4）抛光打磨运行轨迹：根据路径特点选择CIRC运动指令模拟运行抛光打磨轨迹，轨迹依次为dp1→dp2→dp3→dp4→dp1。根据现场工艺需求，完成对抛光打磨示教点的参数设置	

（续）

操作步骤及说明	示　意　图
5）关闭模拟抛光打磨工具：模拟抛光打磨工具输出信号地址为4。使用逻辑控制指令OUT控制模拟抛光打磨工具动作。修改输出端编号为4，输出接通状态State的状态为FALSE，取消CONT，关闭模拟抛光打磨工具。完成抛光打磨，工业机器人返回至HOME点	

（8）抛光打磨过程主程序模块 dpmain　抛光打磨过程主程序模块 dpmain 的编写过程见表 8-17。

抛光打磨过程主程序
模块 **dpmain** 编写过程

表 8-17　抛光打磨过程主程序模块 dpmain 编写过程

操作步骤及说明	示　意　图
1）打开创建的主程序模块 dpmain，进入程序编辑界面	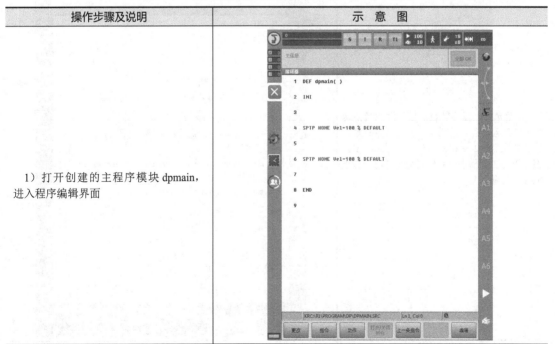

（续）

操作步骤及说明	示 意 图
2）检测变位机模块的初始信息：变位机工作台是否在水平位置停止	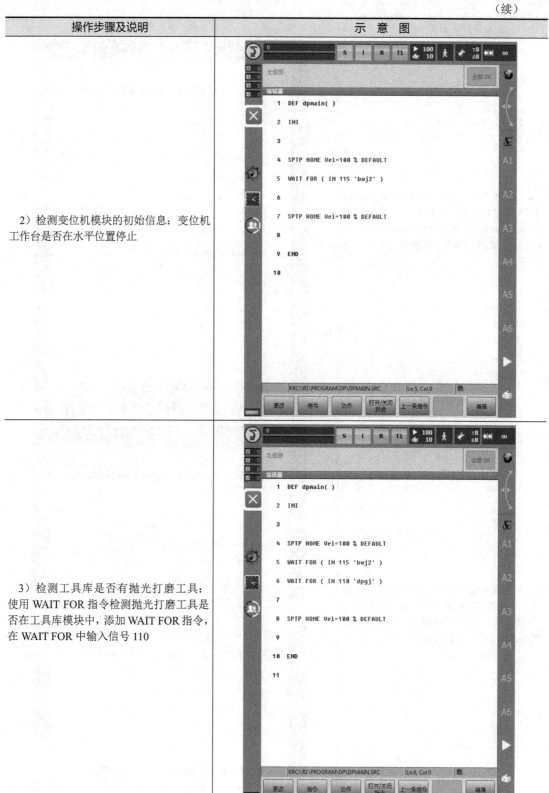
3）检测工具库是否有抛光打磨工具：使用 WAIT FOR 指令检测抛光打磨工具是否在工具库模块中，添加 WAIT FOR 指令，在 WAIT FOR 中输入信号 110	

287

（续）

操作步骤及说明	示　意　图
4）快换工具打开：使用逻辑控制指令 OUT 控制快换工具动作。修改输出端编号为 1，输出接通状态 State 的状态为 FALSE，取消 CONT，则快换工具为张开状态	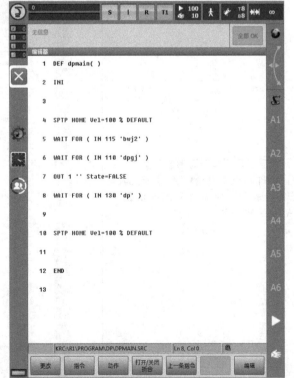
5）检测触摸屏 HMI 上的启动键是否按下：添加 WAIT FOR 指令，输入变量编号为 130，检测触摸屏 HMI 上【抛光打磨机器人工作站启动】按键按下	

（续）

操作步骤及说明	示 意 图
6）抛光打磨任务：依次添加取工件（qdpgj）→取工具（qdpkhgj）→进行抛光打磨作业（dpgc）→放工具（fdpkhgj）→放工件（fdpgj）	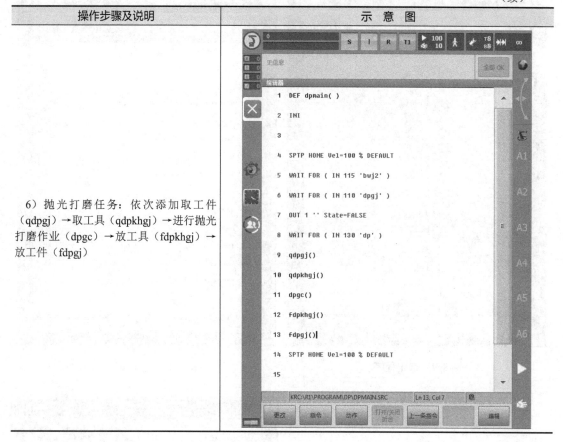

5. 程序调试与运行

（1）程序调试的目的　程序调试主要用来检查程序的位置点是否正确，程序的逻辑控制是否完善，子程序的输入参数是否合理。

（2）调试程序

1）加载程序：编程完成后，保存的程序必须加载到内存中才能运行，在示教器界面选择【dp】目录下的 dpmain 程序模块，单击示教器下方【选定】，如图 8-7 所示，完成程序的加载，如图 8-8 所示。

程序调试（抛光打磨）

2）试运行程序：程序加载后，程序执行的蓝色指示箭头位于初始行。按示教器背面的确认开关，同时按住示教器正面左侧程序启动键▶或示教器背面的绿色程序启动键，状态栏运行键【R】和程序内部运行状态文字说明为绿色，如图 8-9 所示，则表示程序开始试运行，蓝色指示箭头开始依次下移。

当蓝色指示箭头移至第 4 行 SPTP 命令行时，弹出 BCO 提示信息，如图 8-10 所示，单击【OK】或【全部 OK】，再次按住示教器正面左侧的程序启动键▶或示教器背面的绿色程序启动键，程序开始向下顺序执行。

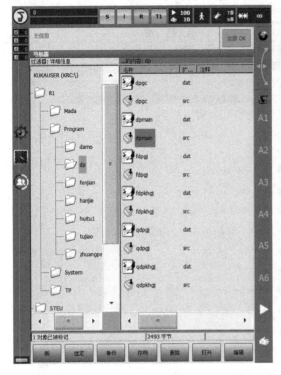

图 8-7　选定程序

图 8-8　程序加载

图 8-9　程序开始运行

图 8-10　BCO 提示信息

3）自动运行程序：经过试运行确保程序无误后，方可进行自动运行程序。自动运行程序操作步骤如下：

① 加载程序。

② 手动操作程序直至程序提示 BCO 信息。

③ 利用连接管理器切换运行方式。转动运动方式选择开关到"锁紧"位置，弹出运行方式，选择【AUT】方式，再将连接管理器转动到"开锁"位置，此时示教器顶端的状态显示编辑栏【T1】改为【AUT】。

④ 为安全起见，降低工业机器人自动运行速度，在第一次运行程序时，建议将程序调节量设定为 10%。

⑤ 单击示教器左侧程序启动键，程序自动运行，工业机器人自动完成装配任务。

评价反馈

基本素养（30分）				
序　号	评 估 内 容	自　评	互　评	师　评
1	纪律（无迟到、早退、旷课）（10分）			
2	安全规范操作（10分）			
3	团结协作能力、沟通能力（10分）			
理论知识（30分）				
序　号	评 估 内 容	自　评	互　评	师　评
1	工业机器人程序的备份（10分）			
2	工业机器人的存档（10分）			
3	抛光打磨机器人在行业中的应用（10分）			
技能操作（40分）				
序　号	评 估 内 容	自　评	互　评	师　评
1	模拟抛光打磨轨迹规划（10分）			
2	程序运行示教（10分）			
3	程序校验、试运行（10分）			
4	程序自动运行（10分）			
综合评价				

练习与思考

一、填空题

1．工业机器人程序备份操作路径是＿＿＿＿＿＿＿＿＿＿＿。

2．工业机器人的存档操作路径是＿＿＿＿＿＿＿＿＿＿＿。

3．工业机器人的还原操作路径是＿＿＿＿＿＿＿＿＿＿＿。

二、简答题

1．简述如何备份工业机器人程序？

2．简述工业机器人的几种数据存档参数选择的特点。

三、编程题

使用 KUKA-KR4 型工业机器人模拟抛光打磨一个六边形，如图 8-11 所示。

图 8-11　六边形

项目九　生产线综合调试

学习目标

- 了解 PLC 的常用指令。
- 能进行变位机的 PLC 程序编写调试。
- 能进行 PLC 与 HMI 之间的通信调试。
- 能进行 PLC 与相机之间的通信调试。
- 能进行 PLC 与工业机器人之间的通信调试。
- 能进行生产线的联机调试。

工作任务

一、工作任务的背景

对于现代工业来说，PLC 已经占据了不可替代的重要地位。随着 PLC 技术的快速发展，PLC 软硬件正朝着模块化的方向发展，并且广泛采用图形显示技术、网络通信技术和计算机技术，实现了系统之间的相互连接以及系统自身的远程扩展和局部扩展，并兼容各种网络协议。随着 PLC 运动控制性能的逐渐提升，PLC 技术在工业机器人领域得到了十分广泛的应用。

在基于 PLC 控制的自动化生产线上，如图 9-1 所示，工业机器人就是一个执行命令的设备，PLC 则能协调控制这些设备。因此，在整个生产线换产的过程中，只需对 PLC 程

图 9-1　自动化生产线

序进行更改，以及对工业机器人进行微调，即可以进行新一轮的生产。

二、所需要的设备

本项目中自动化生产线涉及的主要设备是工业机器人多功能工作站，如图 9-2 所示。

图 9-2　工业机器人多功能工作站

三、任务描述

本任务以工业机器人多功能工作站的自动分拣为例，通过编程实现变位机、相机、HMI、工业机器人和 PLC 之间的调试运行，使工作站完成智能分拣任务。

实践操作

一、知识储备

1. PLC 的基础编程指令

（1）位逻辑运算指令　使用位逻辑运算指令，可以实现最基本的位逻辑操作，包括常开、常闭、置位、复位、沿指令等。位逻辑运算指令说明见表 9-1。

表 9-1　位逻辑运算指令说明

指　令	说　明	指　令	说　明
—∣ ∣—	常开触点	—(SET_BF)—	置位位域
—∣/∣—	常闭触点	—(RESET_BF)—	复位位域
—∣ NOT ∣—	取反 RLO	—∣ P ∣—	扫描操作数的信号上升沿
—∣ ∣—	线圈	—∣ N ∣—	扫描操作数的信号下降沿
—（/）—	赋值取反	—(P)—	在信号上升沿置位操作数
—(R)—	复位输出	—(N)—	在信号下降沿置位操作数
—(S)—	置位输出	N_TRIG —CLK　　Q—	扫描 RLO 的信号下降沿
SR —S　　Q— …—R1	置位 / 复位触发器	RS —R　　Q— …—S1	复位 / 置位触发器

（2）定时器指令 S7-1200 CPU 包含 4 种定时器：生成脉冲定时器（TP）、接通延时定时器（TON）、关断延时定时器（TOF）以及时间累加器（TONR），具体指令说明见表 9-2。此外还有复位和加载定时器持续时间的指令。

表 9-2 定时器指令说明

指 令	说 明
TP Time IN Q PT ET	生成脉冲定时器：输入 IN 从 0 变为 1，定时器启动，输出位 Q 立即输出 1；当已计时时间 ET 小于设定时间输入 PT 时，输入 IN 的改变不影响输出位 Q 输出和 ET 的计时；当 ET=PT 时，ET 立即停止计时。如果 IN 为 0，则 Q 输出 0，ET 回到 0；如果 IN 为 1，则 Q 输出 1，ET 保持
TON Time IN Q PT ET	接通延时定时器：输入 IN 从 0 变为 1，定时器启动。当已计时时间 ET=PT 时，输出位 Q 立即输出 1，ET 立即停止计时并保持在任意时刻，只要 IN 变为 0，ET 立即停止计时并回到 0，Q 输出 0
TOF Time IN Q PT ET	关断延时定时器：只要 IN 为 1 时，Q 即输出为 1；IN 从 1 变为 0，定时器启动。当 ET=PT 时，Q 立即输出 0，ET 立即停止计时并保持在任意时刻，只要 IN 变为 1，ET 立即停止计时并回到 0
TONR Time IN Q R ET PT	时间累加器：只要 IN 为 0 时，Q 即输出为 0；IN 从 0 变为 1，定时器启动。 1）当 ET<PT，IN 为 1 时，则 ET 保持计时；IN 为 0 时，ET 立即停止计时并保持 2）当 ET=PT 时，Q 立即输出 1，ET 立即停止计时并保持，直到 IN 变为 0，ET 回到 0 3）在任意时刻，只要 R 为 1 时，Q 输出 0，ET 立即停止计时并回到 0；R 从 1 变为 0 时，如果此时 IN 为 1，定时器启动

（3）移动指令 移动指令主要用于各种数据的移动、相同数据的不同排列的转换，以及实现 S7-1200 CPU 的间接寻址功能部分的移动操作。具体指令说明见表 9-3。

表 9-3 移动指令说明

指 令	说 明
MOVE EN ENO IN OUT1	移动值：相同数据类型（不包括位和字符串类型）的变量间的移动
Deserialize EN ENO SRC_ARRAY Ret_Val POS DEST_VARIABLE	反序列化：将 BYTE 数组在不打乱数据顺序的情况下转换为 UDT、STRUCT、ARRAY 等数据类型转换
Serialize EN ENO SRC_VARIABLE Ret_Val POS DEST_ARRAY	序列化：将 UDT、STRUCT、ARRAY 等数据类型在不打乱数据顺序的情况下转换为 BYTE 数组
MOVE_BLK EN ENO IN OUT COUNT	块移动：将输入数组元素开始的变量，依据指定长度，连续移动到输出数组开始的变量，要求输入的数组元素和输出的数组元素数据类型相同，并且只能是基本数据类型

（4）其他常用指令 PLC 的其他常用指令说明见表 9-4。

表 9-4　PLC 其他常用指令说明

指　　令	说　　明
CONV ??? to ??? EN ENO IN OUT	转换值：用于基本类型的显式转换
ROUND Real to ??? EN ENO IN OUT	取整：将浮点数四舍五入为最接近的整数。如果输入值恰好是奇数和偶数的中间值，则选择偶数为输出结果
SHL ??? EN ENO IN OUT N ／ SHR ??? EN ENO IN OUT N	左移、右移：将位序列、整数数据类型的变量或常数向右移、左移指定位数，移出的位丢失。对于空出的位，位序列数据类型变量补 0，整数数据类型变量补符号位
ROL ??? EN ENO IN OUT N ／ ROR ??? EN ENO IN OUT N	循环左移、循环右移：将位序列数据类型的变量或常数向右移、左移指定位数

2. PLC 及其 I/O 模块硬件组态

（1）硬件的添加

1）打开博途软件，单击【创建新项目】，在命名和选择保存位置后单击【创建】。

2）单击【组态设备】，选择【添加新设备】，找到与实际 PLC 相匹配的型号，选择版本，单击【添加】，如图 9-3 所示选择 PLC 型号。

PLC 及其 I/O 模块硬件组态

图 9-3　选择 PLC 型号

3）在右侧硬件目录中选择所需 I/O 模块，双击后添加完成，如图 9-4 所示。

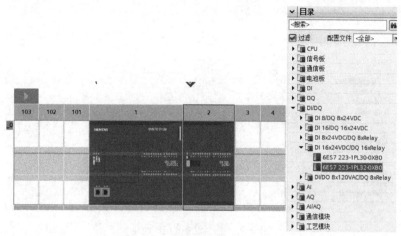

图 9-4　添加 I/O 模块

（2）PLC 及 I/O 模块的参数设置

1）单击创建的 PLC，然后右击，选择【属性】，在选项卡中单击【常规】，选择【DI 14/DQ 10】→【I/O 地址】，为其设置输入及输出地址，I/O 模块的输入 / 输出地址设置与 PLC 的基本相似，如图 9-5 所示。

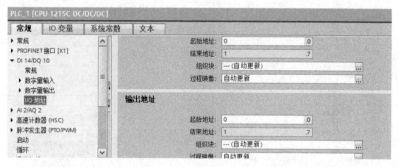

图 9-5　更改 PLC 及 I/O 输入 / 输出地址

2）单击 PLC，在【常规】选项卡下找到【系统和时钟存储器】，勾选【启用系统存储器字节】和【启用时钟存储器字节】，如图 9-6 所示。

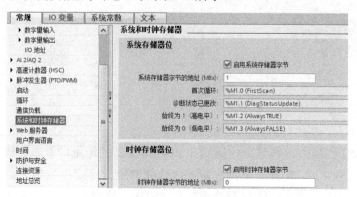

图 9-6　开启 PLC 系统和时钟存储器字节

3）单击【常规】中的【以太网地址】，在【IP 地址】栏中填写 PLC 的 IP 地址，如图 9-7 所示。

图 9-7　更改设备的 IP 地址

3. PLC 控制推料气缸动作

（1）通过监控表修改值实现输送线上的推料气缸从料仓进行推料动作

1）单击左侧项目树中 PLC 一栏下的【监控与强制表】，单击【添加新监控表】，如图 9-8 所示。

PLC 控制推料气缸动作

图 9-8　添加监控表

2）将【地址】栏填入推料气缸电磁阀在 PLC 中接入的地址，单击全部监视按钮 👓，将【修改值】栏中填入 1 或 TRUE，单击立即一次性修改所有选定值按钮 🔧，在图 9-9 所示的【监视值】栏中看到，此地址的值已被修改为 TRUE，同时现场的设备也会随之触发。

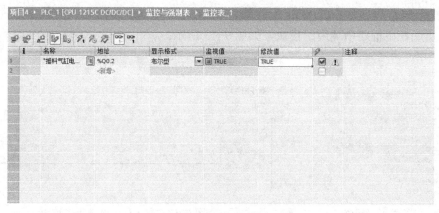

图 9-9　监控表界面

（2）编写 PLC 程序，实现输送线上的推料气缸从料仓进行推料动作

1）添加新子程序，单击项目树的 PLC →【程序块】→【添加新块】→【FB 函数块】，选择 LAD 语言，单击【确定】，如图 9-10 所示。

图 9-10　添加新子程序

2）写程序：推料气缸动作子程序编写如图 9-11 所示。

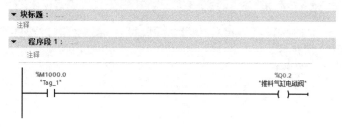

图 9-11　推料气缸动作子程序编写

3) 打开 PLC 程序块内的 Main 程序块，如图 9-12 所示。将刚写入的程序拖进 Main 程序块内，实现在主程序中调用子模块，如图 9-13 所示。

图 9-12　进入主程序　　　　　　　　　　　　　图 9-13　在主程序中调用子模块

4) 单击屏幕上方的下载到设备按钮 ⬇，如图 9-14 所示，在弹出框的指引下将组态及程序进行装载。

图 9-14　下载图标位置

5) 打开点动程序，单击上方启用 / 禁用监视按钮 👁，右击 %M1000.0 处常开触点，选择【修改】→【修改为 1】，如图 9-15 所示进行在线修改全局变量的值，修改完成后如图 9-16 所示。

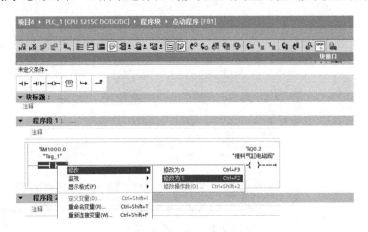

图 9-15　在线修改全局变量的值

图 9-16　修改完毕后显示界面

4. 博途软件的使用

（1）项目的编译 在建立与 PLC 的连接和项目下载前，需要对硬件项目数据（例如设备或网络和连接的组态数据）、软件项目数据（例如程序块）进行编译。硬件配置数据和程序数据可分别编译或一起编译。编译期间会执行以下步骤：

1）检查用户程序的语法错误。

2）检查被编译块中的所有块调用。如果更改了被调用块的接口，则会在信息窗口的【编译】选项卡中显示错误信息。

3）检查块在用户程序中的编号。如果多个块具有相同的编号，在编译过程中将对编号冲突的块自动重新编号。但是，块被单独选中或随其他块一起选中进行编译，或者在块的属性中将编号分配设置为【手动】等情况下将不对块重新编号。在项目树中，选中需编译项目数据的设备右击，选择【编译】，根据所涉及的范围，可进一步对项目的编译对象进行选择，如图 9-17 所示。编译有 6 个不同的选项，如果选择工具栏的【编译】按钮，则按照所选对象仅编译其中的更改部分。

编译完成后，可在巡视窗口中通过单击【信息】→【编译】检查编译是否成功。单击【转至】栏的箭头，可转到错误处（TON 定时器输出 ET 使用了错误的数据类型），如图 9-18 所示。

图 9-17 程序编译

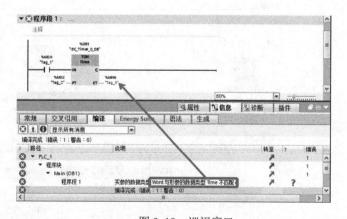

图 9-18 巡视窗口

（2）博途软件与 PLC 的连接 编程 PC 与 PLC 之间的在线连接可用于对 S7-1200 PLC 下载或上传组态数据、用户程序，调试用户程序，显示和改变 PLC 工作模式，显示和改变 PLC 时钟，重置为出厂设置，比较在线和离线的程序块，诊断硬件，更新固件等。

1）设置或修改 PG/PC 接口：S7-1200 CPU 集成了以太网接口，支持 PG 功能。在编程 PC 上选择适配器、通信处理器或以太网网卡，设置 PG/PC 接口可以建立与 PLC 的连接。设置或修改 PG/PC 接口可以在项目视图中单击所组态的 PLC，然后右击，选择【在线和诊断】，在【在线访问】选项栏可设置或修改 PG/PC 接口，如图 9-19 所示。

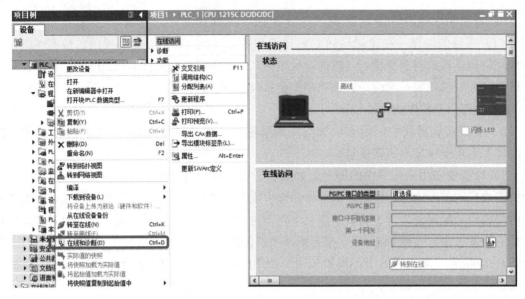

图 9-19　设置 PG/PC 接口

2）工业以太网网络：PC 可采用以太网的方式建立与 PLC 的连接。以【在线访问】界面设置 PG/PC 接口为例，选择【PG/PC 接口的类型】为【PN/IE】，并根据 PC 所使用的网卡型号在【PG/PC 接口】中选择使用的通信接口，例如【Realtek USB Family Controller】，如图 9-20 所示。

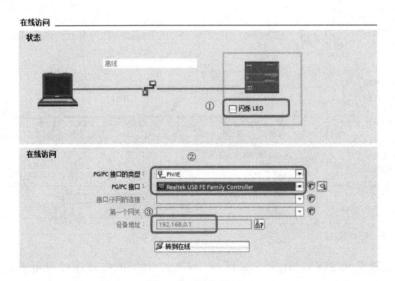

图 9-20　通信接口

具体参数选择说明：

① 如果网络上存在多个设备，可以勾选【闪烁 LED】进行设备的区分。

② 选择【PG/PC 接口的类型】为【PN/IE】，以及【PG/PC 接口】为 PC 所使用的以太网卡型号。

③ 网络上地址必须唯一。

PG/PC 接口设置完成后，可以通过下面两种方式建立与 PLC 的在线连接。

一是通过项目视图建立在线连接。操作方法是双击项目树中 PLC 站点下的【在线与诊断】，进入【在线访问】界面，单击【转到在线】按钮，如图 9-21 所示。

二是通过 Portal 视图建立在线连接。操作方法是在 Portal 视图中选择【在线与诊断】→【在线状态】，在【选择设备以便打开在线连接】窗口中显示了站点名称和类型，勾选【转至在线】选项，单击【转至在线】按钮即可，如图 9-22 所示。

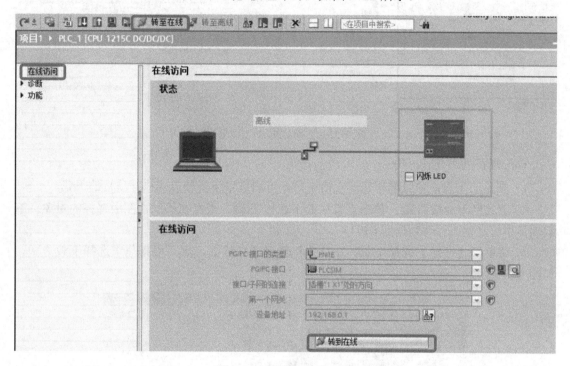

图 9-21　【在线访问】界面

图 9-22　通过 Portal 视图建立在线连接

（3）显示和改变 PLC 的工作模式　建立在线连接后，双击项目下的【在线和诊断】，在右侧【在线工具】的【CPU 操作面板】界面中，通过相应的按钮可以将 CPU 的工作模式切换为 RUN、STOP、MRES，如图 9-23 所示。

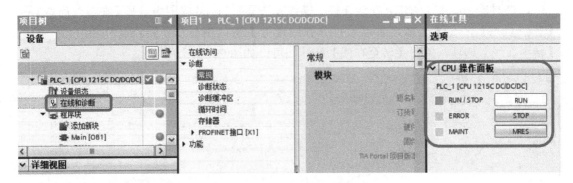

图 9-23　切换 CPU 的工作模式

（4）项目的下载和上传

1）项目的下载：项目编译完成无错误后，可通过以下多种方式执行项目的下载。

① 工具栏下载按钮。单击工具栏的下载按钮，根据在不同视图中选择的对象，下载项目中的硬件或软件数据到 CPU 中。

② 菜单栏【在线】选择下载。在菜单栏选择【在线】，然后根据需求选择下载方式，如图 9-24 所示。下载方式说明见表 9-5。

图 9-24　菜单栏【在线】

表 9-5　【在线】下载方式说明

下 载 方 式	说　　　明
下载到设备	功能相当于工具栏的下载按钮
扩展的下载到设备	需要重新设置【PG/PC 接口】。设置时可选择【扩展的下载到设备】，建立所选设备的在线连接之后，将选中的对象（项目中的硬件或软件数据）下载到设备
下载并复位 PLC 程序	下载所有的块，包括未改动的块，并复位 PLC 程序中的所有过程值

③ 通过站点【下载到设备】。选择【下载】，选中项目树下的 S7-1200 PLC 站点右击，选择【下载到设备】，然后根据需求选择下载方式，如图 9-25 所示。下载方式说明见表 9-6。

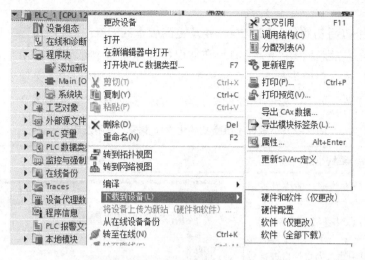

图 9-25 下载到设备

表 9-6 【下载到设备】下载方式说明

下 载 方 式	说 明
硬件和软件（仅更改）	下载硬件项目数据（例如设备、网络和连接的组态数据）和软件项目数据（例如程序块和过程映像）
硬件配置	仅下载硬件项目数据。例如该数据包括设备或网络和连接的组态数据
软件（仅更改）	仅下载更改的块
软件（全部下载）	下载所有块（包括未更改的块）并将所有值复位为初始状态，同时将复位保留值

④ 一致性下载。程序下载完成后，如果进行修改，则可以使用下载按钮 ![按钮]。S7-1200 PLC 的下载是基于对象的，如果选择整个站点，则会下载改变的硬件和软件；如果选择整个程序块，则只会下载软件改变的部分；如果选择一个程序块，由于 S7-1200 PLC 执行的是一致性下载，仍然会下载整个软件的改变部分，如图 9-26 所示。

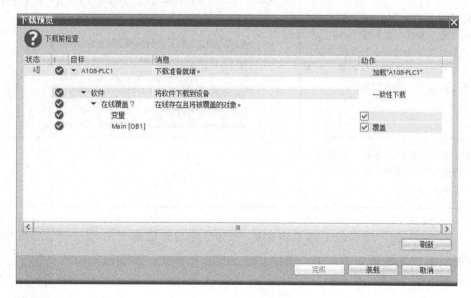

图 9-26 一致性下载

⑤ 下载但不重新初始化。S7-1200 V4 及更高版本的 CPU 支持在运行时对函数块或数据块接口进行修改。在默认情况下，所有块在非保持性存储器中都预留 100B 的空间，并在需要时，可以调节存储器和保持性存储器预留区域的大小，无须将 CPU 设置为 STOP 模式，即可下载已修改的块，而不会影响已经加载变量的值。具体操作步骤见表 9-7。

表 9-7　下载但不重新初始化操作步骤、说明及部分示意

操作步骤及说明	部 分 示 意
1）在项目中为所有新创建的块设置预留存储器的大小。在菜单栏单击【选项】，选择【设置】→【PLC 编程】→【常规】。在【下载但不重新初始化】栏的【存储器预留区域】输入框中输入为块接口进行后续扩展而分配的所需字节数	
2）设置现有块中预留存储器的大小。在项目树中选择该块，右击，选择【属性】，在窗口中选择【常规】→【下载但不重新初始化】，在【存储器预留区域】中输入所需的字节数。如果要在保持型存储器中定义一个预留区域，勾选【启用下载，但不重新初始化保持性变量。】，在【预留可保持性存储器】输入框中输入所需的字节数	
3）激活存储器预留区域。打开函数块或者数据块，单击激活存储器预留按钮 ，在【激活】界面单击【确定】进行确认。如果已为当前块激活了预留存储器，那么无法再更改预留存储器的大小	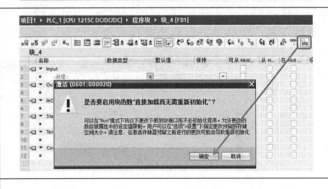
4）修改块接口后执行下载，仅初始化定义有初始值的新加变量，并不会重新初始化现有的在线变量	

2）项目的上传：项目的上传是将存储于 CPU 装载存储器中的项目复制到编程器的离线项目中。项目上传方式操作步骤、说明及部分示意如表 9-8 所示。

项目上传方式

表 9-8　项目上传方式操作步骤、说明及部分示意

操作步骤及说明	部 分 示 意
1）从设备中上传（软件）：在编程器与 CPU 建立连接，转至在线后，可执行【从设备中上传】，功能相当于上传按钮。如果有程序块仅存在于项目中，而不存在于 PLC 中，则单击上传按钮📥后，上传将删除离线项目中的程序块 PLC 变量等数据，因此在上传之前需要确认	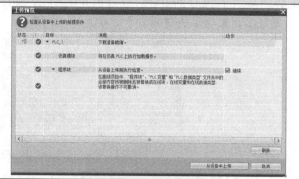
2）从在线设备备份：在项目调试时，可能会经常修改程序，可在修改前备份在线程序，以备在修改不成功时复原程序，通常将这个程序整体保存为备份。S7-1200 PLC 可做多个备份文件存储于一个项目下，以便于调试和管理，备份文件按照备份当时的时间点存储在项目下【在线备份】文件夹中，并可以重新命名，但该备份文件不能打开和编辑，只能下载。执行在线备份操作要求 CPU 转到 STOP 模式	
3）无 PLC 项目时，新建项目，之后在项目树中选择项目名称，单击【在线】下拉菜单中的【将设备作为新站上传（硬件和软件）…】，可执行将设备作为新站上传，从在线连接的设备中将硬件配置与软件一起上传，并在项目中创建一个新站	
4）获取非特定的 CPU：在项目树下选择【添加新设备】，选择相应的版本，添加【Unspecific CPU1200】，然后在设备视图中单击【获取】，可上传 PLC 的组态。此方式只上传 CPU 和扩展模块的硬件配置，不包括程序和硬件参数	

（5）重置为出厂设置　当出现 CPU 下载错误需要恢复等情况时，可尝试将 PLC 重置为出厂设置。建立与 PLC 的连接后，单击【在线访问】→【功能】→【复位为出厂设置】，在此界面显示了 PLC 的 IP 地址、PROFINET 设备的名称。可选择【保持 IP 地址】或【删除 IP 地址】，然后单击【重置】，如图 9-27 所示。

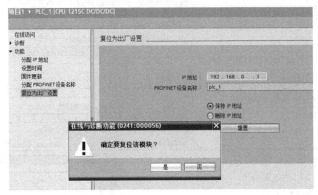

图 9-27　恢复出厂设置

（6）调试程序

1）调试 LAD/FBD 程序：LAD 和 FBD 程序以能流的方式传递信号状态，通过程序中的线条、指令元素及参数的颜色判断程序的运行结果。在程序编辑界面单击工具栏启用 / 禁用监视按钮，即可进入监视状态。线条颜色含义见表 9-9。

调试 LAD/FBD 程序

表 9-9　线条颜色含义

线 条 颜 色	含　　义
绿色实线	已满足
蓝色虚线	未满足
灰色实线	未知或未执行
黑色	未互连

单击变量，右击，选择【修改】，可直接修改变量的值；选择【显示格式】，可以切换显示的数据格式，如图 9-28 所示。

图 9-28　更改数据格式

2）调试 SCL 程序：SCL 与 LAD/FBD 程序的调试方法类似。在程序编辑界面单击工具栏启用 / 禁用监视按钮  ，即可进入监视状态。在 SCL 程序右侧显示了变量的当前状态，修改变量值和显示格式的操作与 LAD/FBD 程序相同，如图 9-29 所示。

图 9-29　修改变量值和显示格式

3）调试数据块：全局数据块和背景数据块中的数值可以通过在线直接监控，单击全部监视按钮 ，数值当前值分别以各自的数据类型显示在【监视值】栏中，其格式不能修改。通过数据块中工具栏的按钮操作，可对数据块中的变量进行监视和快照等操作，如图 9-30 所示。

		名称	数据类型	地址	保持	可从...	从 H...	在 H...	监视值	注释
1		Tag_1	Word	%IW100		☑	☑	☑	16#0000	
2		Tag_2	Int	%IW102		☑	☑	☑	0	
3		编码器A相	Bool	%I0.0		☑	☑	☑	TRUE	
4		编码器B相	Bool	%I0.1		☑	☑	☑	FALSE	
5		编码器Z相	Bool	%I0.2		☑	☑	☑	TRUE	
6		搬运模块检测	Bool	%I0.3		☑	☑	☑	FALSE	
7		绘图模块检测	Bool	%I0.4		☑	☑	☑	FALSE	
8		涂胶模块检测	Bool	%I0.5		☑	☑	☑	FALSE	
9		循环模块检测	Bool	%I0.6		☑	☑	☑	FALSE	
10		供料站有料检测	Bool	%I0.7		☑	☑	☑	TRUE	
11		供料站缩回到位	Bool	%I1.0		☑	☑	☑	TRUE	
12		变位机负向限位	Bool	%I1.1		☑	☑	☑	FALSE	
13		变位机正向限位	Bool	%I1.2		☑	☑	☑	FALSE	
14		变位机原点	Bool	%I1.3		☑	☑	☑	TRUE	
15		供料站伸出到位	Bool	%I1.4		☑	☑	☑	FALSE	
16		变位机夹具松开	Bool	%I1.5		☑	☑	☑	TRUE	
17		变位机夹具夹紧	Bool	%I2.0		☑	☑	☑	FALSE	
18		激光夹具检测	Bool	%I2.1		☑	☑	☑	FALSE	
19		喷涂夹具检测	Bool	%I2.2		☑	☑	☑	FALSE	

项目1 ▶ A10B-PLC1 [CPU 1215C DC/DC/DC] ▶ PLC 变量 ▶ 默认变量表 [222]　　　　□变量　□用

默认变量表

图 9-30　调试数据块

数据块中工具栏操作按钮说明如下：

①　：复位启动值，可将所有变量的起始值复位为其默认值，但不会覆盖设置为写保护的起始值。

②　：全部监视。

③　：激活存储器预留。

④　：实际值的快照，如果需要保存当前值，将单击按钮瞬间的监视值加载到快照列并存储于离线项目中。

⑤　：将快照加载为实际值（如果需要可将快照值写入实际监视值）。

⊖ 此按钮图标在不同界面下含义不同。

⑥ 🖼️：将所有变量的快照作为起始值复制到离线程序中。下次从 STOP 切换为 RUN 时，程序将以新的起始值运行。可以复制所有起始值、保持性变量的起始值，也可仅复制选择为【设定值】变量的起始值，但不会覆盖设置为写保护的起始值。

⑦ 🖼️：将定义为设定值的变量快照作为起始值复制到离线程序中。

⑧ 🖼️：将所有变量的起始值加载为实际值，可以将离线程序中的起始值作为实际值加载到 CPU 的工作存储器中。在线块中的这些变量将进行重新初始化。可以复制所有实际值，也可仅复制选择为【设定值】变量的实际值。之后 CPU 将使用这些新值作为在线程序中的实际值，而不再区分保留值和非保留值。

⑨ 🖼️：将定义为设定值的变量起始值加载为实际值。

4）调用环境功能：当监控多次调用的函数或函数块时，调用环境功能可以临时监控每个调用的中间变量。下面以示例的方式介绍调用环境功能，例如编写一个控制阀的函数块 FB10，在 OB1 中调用两次 FB10，并分别赋值不同实参控制两个阀，如图 9-31 所示。

打开 FB10 并进行监控时，只是函数块内部通用的程序而不对应某一个背景数据块，监控状态不能反映特定的阀的控制状态。在调试和维护阶段，可以利用程序块的调用环境功能，实现对一个对象的快速定位监控。仅当该函数块已经打开时，可单击项目右侧的【测试】任务卡，进入【调用环境】界面，单击【更改 ...】按钮，弹出【块的调用环境】对话框，如图 9-32 所示。部分参数说明如下：

① 背景数据块：通过右侧的下拉菜单选择背景数据块。当函数块与选定的背景数据块一起调用时，显示该函数块的程序状态。

② 调用环境：当块与特定块一起调用或从特定路径调用块时，显示该块的程序状态。

③ 转换到"手动调节"：通过该按钮，转换【调用环境】中选定的数据进行编辑。此后，使用特定块调用某个块或从特定路径调用该块时，则仅显示该块的程序状态。

④ 手动调节调用环境：激活该选项后，可在此区域中手动输入所需程序块的调用环境。

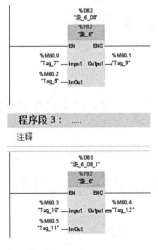

图 9-31　调用

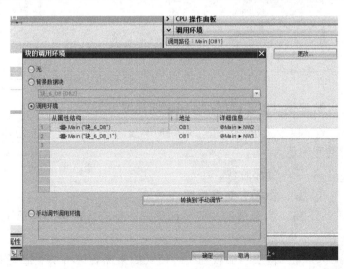

图 9-32　设置块的调用环境

5. 变位机 PLC 程序的编写与调试

编写程序，实现变位机三个位置的顺序动作控制。

程序段 1：变位机点动运行（图 9-33）。

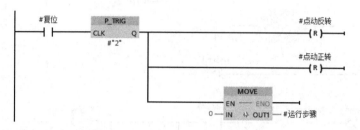

变位机 PLC 程序
编写与调试

图 9-33　变位机点动运行

程序段 2：轴工艺使能（图 9-34）。

程序段 3：正反转（图 9-35）。

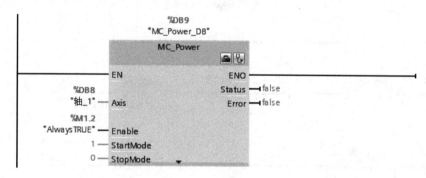

图 9-34　轴工艺使能

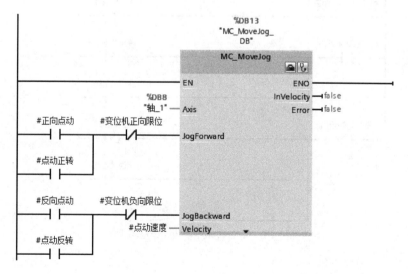

图 9-35　正反转

程序段 4：位置 1、位置 2、位置 3 的顺序控制（图 9-36）。

KUKA工业机器人典型应用案例详解

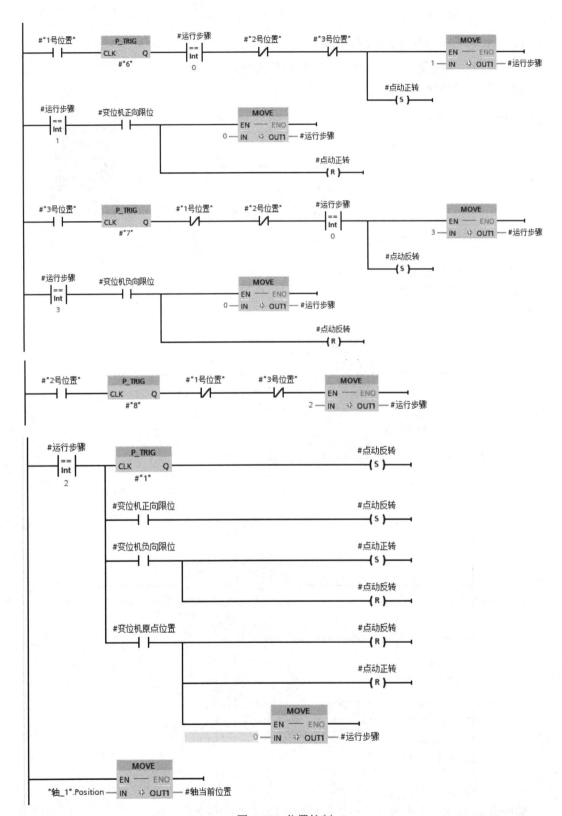

图 9-36　位置控制

程序段5：传感器信号映射到输出变量（图9-37）。

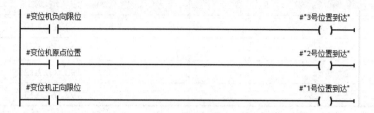

图9-37 传感器信号映射到输出变量

二、任务实施

分拣工作站的联机调试流程如图9-38所示。工作站设备的IP地址分配见表9-10。

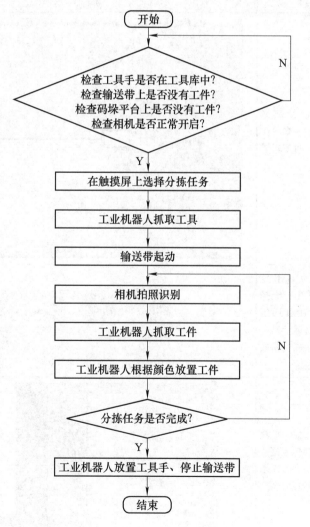

图9-38 分拣工作站的联机调试流程

表 9-10　工作站设备的 IP 地址分配

设 备 名 称	IP 地 址
PLC	192.168.2.10
HMI	192.168.2.11
相机	192.168.2.12
工业机器人	192.168.2.13

1. PLC 与 HMI 之间的通信调试

PLC 与 HMI 之间的通信调试见表 9-11。

PLC 与 HMI 之间的
通信调试

表 9-11　PLC 与 HMI 之间的通信调试

说　明	操 作 示 意
1）通过 HMI 设备向导建立 HMI 连接：添加 HMI 设备时，在设备向导中选择 PLC 的方式建立与 PLC 的通信连接	
2）通过网络视图建立 HMI 连接：在网络视图的连接中，选择 HMI 连接类型，单击 HMI 通信接口并拖拽到 PLC 的通信接口，当鼠标标志变为连接标志后释放鼠标，这样就建立了连接	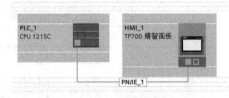
3）通过在 HMI 界面中拖拽 PLC 变量的方式建立 HMI 连接：将 PLC 的变量直接拖拽到 HMI 的界面中，通信连接将自动建立	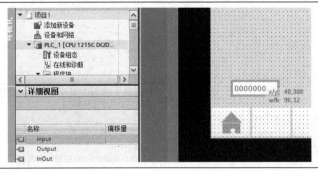

（续）

说　明	操作示意
4）在 HMI 界面中，在右侧的【工具箱】菜单选择【元素】中的▭按钮，在其【事件】的【按下】和【释放】中分别添加"置位位"和"复位位"，在其变量处也添加所需绑定的变量	
5）在右侧的【工具箱】菜单选择【基本对象】中的封闭形状圆，作为 PLC 状态的信息显示图形	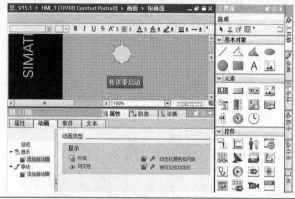
6）在右侧的【动画】菜单选择【显示】，进行 PLC 的状态信息显示参数设置	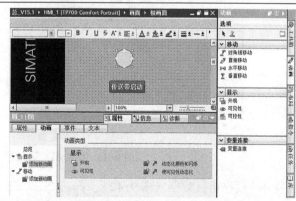
7）HMI 界面可以根据实际需要进行参数设置，实现 PLC 与 HMI 之间的通信调试	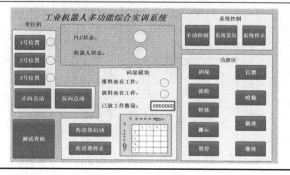

PLC 与相机之间的
通信调试

2. PLC 与相机之间的通信调试

编制 PLC 程序，实现 PLC 与相机之间的通信调试。

程序段 1：整体复位（图 9-39）。

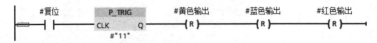

图 9-39　整体复位

程序段 2：通信连接模块（图 9-40）。

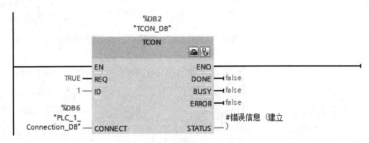

图 9-40　通信连接模块

程序段 3：给相机发送数据（图 9-41）。

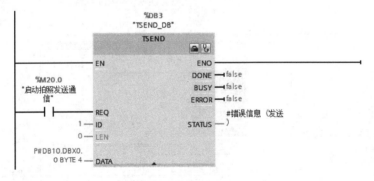

图 9-41　给相机发送数据

程序段 4：接收相机数据（图 9-42）。

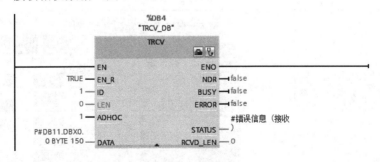

图 9-42　接收相机数据

程序段 5：拍照启动后，给相机发送拍照指令，启动拍照发送模块（图 9-43）。

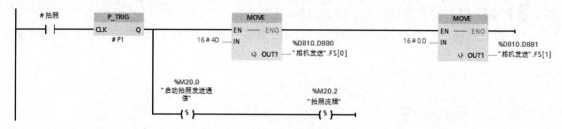

图 9-43　启动相机拍照

程序段 6：延时后，复位拍照，输出拍照完成信号，将相机拍照命令清空。拍照结束程序、颜色储存如图 9-44、图 9-45 所示。

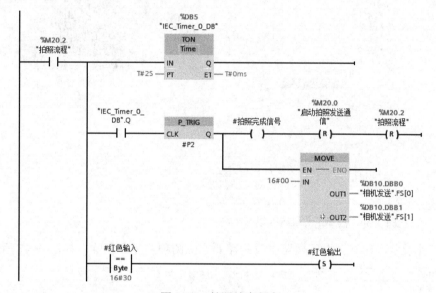

图 9-44　拍照结束程序

图 9-45　颜色储存

3. PLC 与工业机器人之间的通信调试

编程实现 PLC 与工业机器人之间的通信调试。

1）在右侧硬件目录中找到所需设备，双击添加，如图 9-46 所示添加工业机器人组态模块。

图 9-46　添加工业机器人组态模块

2）打开设备，在右侧设备概览中找到需要删除的项，将其删除，如图 9-47 所示。

	...	模块	机架	插槽	I 地址	Q 地址	类型	订货号	固件
		▼ KRC4	0	0			KRC4-ProfiNet_3.2		V3.2
		▶ Interface1	0	0 X1			KRC4		
		64 safe digital in-and outpu...	0	1			64 safe digital in-a...	KUKA KR C4 Device FIO64	
		256 digital in-and outputs_1	0	2			256 digital in-and ...	KUKA KR C4 Device IO256	

图 9-47　删除子模块

3）将设备分配 IP 地址后连接至 PLC，如图 9-48 所示。工业机器人与 PLC 的 I/O 端口对接通信地址见表 9-12。

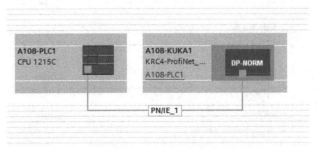

图 9-48　连接至 PLC

表 9-12　工业机器人与 PLC 的 I/O 端口对接通信地址

工业机器人端 I/O	PLC 端 I/O	数 据 类 型	功　　能
IN115+IN1116	QB102=3	Byte	相机反馈红色
IN115+IN117	QB102=5	Byte	相机反馈黄色
IN115+IN118	QB102=9	Byte	相机反馈蓝色
IN136	Q105.0	Bool	单步分拣开始信号
OUT100	I100.0	Bool	工业机器人运行状态信号：待机
OUT101	I100.1	Bool	工业机器人运行状态信号：运行
OUT102	I100.2	Bool	分拣程序总体启动信号

4. PLC 与工业机器人的分拣联调

1）工作站分拣任务发出开始分拣信号，如图 9-49 所示的分拣启动程序中，跳转至程序段 1，起动传送带，将物料气缸推出，用计数器储存工件数量，程序跳转至程序段 2。

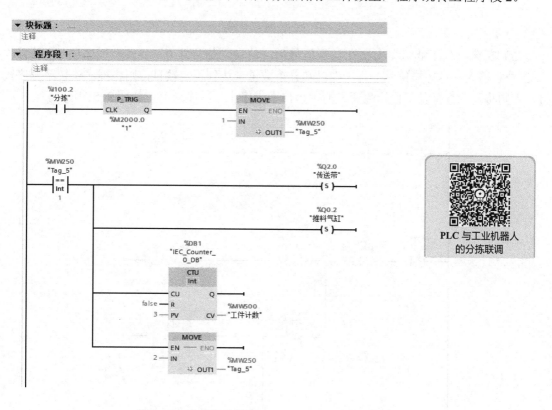

图 9-49　分拣启动程序

2）在传送带尽头，工业机器人抓取位传感器检测到物料后，将颜色传送与工业机器人，将工业机器人启动信号发送至端口，程序跳转至图 9-50 所示的颜色传输程序段 3。

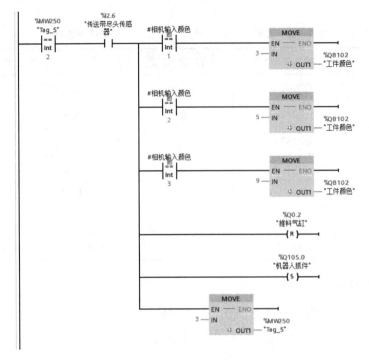

图 9-50　颜色传输

3）在接收到工业机器人正在运行信号后，将启动信号置 0，跳转至程序段 4，等接收到工业机器人分拣完毕信号，若工件已知分拣数量未达到预定数目，则将程序跳转至程序段 1，否则将步骤变量及工件计数变量清零，传送带停止，程序结束，如图 9-51 所示。

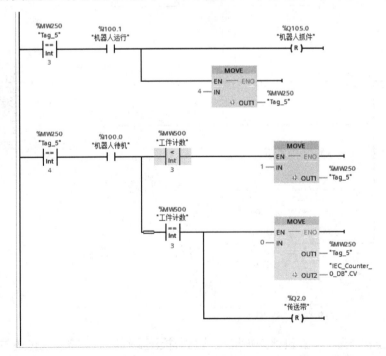

图 9-51　结束程序

评价反馈

基本素养（30分）							
序 号	评 估 内 容	自	评	互	评	师	评
1	纪律（无迟到、早退、旷课）（10分）						
2	安全规范操作（10分）						
3	团结协作能力、沟通能力（10分）						
理论知识（30分）							
序 号	评 估 内 容	自	评	互	评	师	评
1	常开、常闭、置位、复位、取反、线圈（10分）						
2	计时、计数、比较、移动、转换指令（10分）						
3	博途软件使用（10分）						
技能操作（40分）							
序 号	评 估 内 容	自	评	互	评	师	评
1	PLC程序指令的选择和使用（10分）						
2	程序项目的下载和上传（10分）						
3	PLC程序校验、试运行（10分）						
4	PLC与工业机器人之间的通信调试（10分）						
综合评价							

练习与思考

一、填空题

1．"┤├"为_____逻辑指令。

2．S7-1200 CPU 包含 4 种定时器：_____、_____、

_____、_____。

3．用于基本类型的显式转换的转换指令是_____。

4．将位序列数据类型的变量或常数向右移、左移指定位数的指令是_____和

_____。

二、简答题

1．如何进行 PLC 项目的上传和下载？

2．如何设置 PLC 为出厂设置？

3．如何将 PLC 程序进行调试？

参 考 文 献

[1] 王志全，王云飞. KUKA 工业机器人基础入门与应用案例精析 [M]. 北京：机械工业出版社，2020.

[2] 徐文，徐江陵，段伟. KUKA 工业机器人编程与实操技巧 [M]. 北京：机械工业出版社，2017.

[3] 林祥. KUKA 工业机器人编程高级教程 [M]. 北京：机械工业出版社，2020.

[4] 北京新奥时代科技有限责任公司. 工业机器人操作与应用：初级 [M]. 北京：电子工业出版社，2020.

[5] 陈小艳，林燕文. 工业机器人现场编程：KUKA[M]. 北京：高等教育出版社，2017.

[6] 邓三鹏，许怡赦，吕世霞，等. 工业机器人技术应用 [M]. 北京：机械工业出版社，2020.

[7] 王文斌，王振华，等. 工业机器人智能工作站实训教程：西门子 S7-1200 PLC[M]. 北京：机械工业出版社，2021.

[8] 侍寿永. 西门子 S7-1200 PLC 编程及应用教程 [M]. 北京：机械工业出版社，2021.

[9] 廖常初. PLC 编程及应用 [M]. 5 版. 北京：机械工业出版社，2019.